智能科学与技术丛书

U0183199

Machine Learning
and Artificial Intelligence

机器学习与人工智能

从理论到实践

[美] 阿米特·V. 乔希 (Ameet V Joshi) ◎ 著

李征 袁科 ◎ 译

机械工业出版社
CHINA MACHINE PRESS

图书在版编目（CIP）数据

机器学习与人工智能：从理论到实践 /（美）阿米特·V. 乔希（Ameet V Joshi）著；李征，袁科译 . -- 北京：机械工业出版社，2021.7（2024.1 重印）

（智能科学与技术丛书）

书名原文：Machine Learning and Artificial Intelligence

ISBN 978-7-111-68812-9

I. ① 机… II. ① 阿… ② 李… ③ 袁… III. ① 机器学习 ② 人工智能 IV. ① TP18

中国版本图书馆 CIP 数据核字（2021）第 152963 号

北京市版权局著作权合同登记 图字：01-2020-3416 号。

First published in English under the title:

Machine Learning and Artificial Intelligence,

by Ameet V Joshi.

Copyright © Springer Nature Switzerland AG, 2020.

This edition has been translated and published under licence from Springer Nature Switzerland AG.

本书理论与实践相结合，全面介绍了人工智能和机器学习。全书分为六部分。第一部分介绍了人工智能和机器学习在现代背景下的概念以及它们的起源和现状，并讨论了使用这些概念的各种场景和数据的理解、表示与可视化。第二部分介绍了机器学习的各种方法及新兴趋势。第三部分介绍了使用算法构建端到端机器学习管道。第四部分重点介绍机器学习模型的实现，以开发人工智能应用。第五部分介绍了解决现实机器学习问题的一些实现策略。第六部分是本书总结和下一步工作。

出版发行：机械工业出版社（北京市西城区百万庄大街 22 号 邮政编码：100037）

责任编辑：王春华 刘 锋 责任校对：马荣敏

印 刷：固安县铭成印刷有限公司 版 次：2024 年 1 月第 1 版第 2 次印刷

开 本：185mm×260mm 1/16 印 张：13.75

书 号：ISBN 978-7-111-68812-9 定 价：99.00 元

客服电话：(010) 88361066 68326294

大约 35 年前，我第一次接触到计算机。那时正是"微型计算机"一词被"个人计算机"（Personal Computer，PC）一词取代的时候。在 5 年的时间里，发生了这样一个重大变革：计算机作为一个超级专业化的领域，全世界只有几千人在凉爽干净的房间里使用这些神奇的机器工作，突然间数亿人可以很容易地接触到这些机器。每个人都意识到，计算机将影响商业的方方面面，并最终影响个人生活。随之而来的是学习计算机的热潮，有人在学习关于计算机是什么的基础知识，还有人在学习如何使用诸如文字处理或电子表格等应用程序，而世界各地的工程师则在学习计算机体系结构以及编程、算法和数据结构。如果你学习的这些技能没能达到一定水平，那么将对你的职业发展造成非常不利的影响——不管你的职业是什么。

大约到 1995 年，个人计算机已经发展得十分强大，通过客户机 - 服务器体系结构接管商业计算，大多数人在工作和家庭中都拥有了自己的个人计算机。然后，Internet、Web、马赛克、Netscape、浏览器、Webserver、HTML 和 HTTP 等术语突然席卷了计算机领域。这一巨变完全重塑了数据和信息的民主化过程，其规模比人类历史上任何事物都要大几个数量级。互联网促成了智能手机的诞生，而智能手机反过来又成倍地扩大了互联网的规模和覆盖范围。计算架构，尤其是围绕数据表示、存储和分布式的架构，经历了一场巨大的变革。随之而来的是学习"互联网"的热潮——各个年龄段的人都在学习互联网的基础知识，如何使用浏览器，以及如何通过电子方式与人们交流，以将内容创作为 Web 消耗品（电子邮件、网页、网站、博客、帖子、微博等）。工程师们蜂拥而至，学习互联网体系结构、Web 和移动应用程序开发、分布式数据架构等。如果没有学习这方面的知识，那么你不仅在职业上处于严重的不利地位，在社会上也可能处于不利地位。

再快进 15 年。互联网和移动技术的进步带来了数据创建和聚合的爆炸性增长。数据的大规模聚合和随之而来的几乎无限的计算能力演变成在物理上是分布式的，但在逻辑上却是统一的。这就是"云"。组织和理解这种规模的数据不仅超出了人类的能力，甚至超出了传统算法的能力。传统的算法甚至无法扩展到对海量数据进行"搜索"，更不用说理解它了。然而，如此庞大的数据的便捷可用性，最终使计算机通过理解数据从"处理信息"到实际"创造智能"的长期梦想成为可能。拥有数十年历史的机器学习和人工智能重新焕发了活力，并通过轻松访问云中的大量数据和计算而取得了跨越式的进展。因此，我们现在正式处于"人工智能"时代。正如个人计算机和互联网革命所发生的那样，现在人们意识到，人工智能不仅将以前所未有的方式改变计算机，而且将改变社会和人类。人们开始意识到，人工智能和机器学习的适用性远远超出了他们的 Facebook 订阅中的诸如人脸识别之类的普通事物。它也超出了像自动驾驶汽车和数字助理这样华丽的科幻场景。医疗保健、制造业、酒店业、金融业等各行各业，都正处于以数据和人工智能为中心的大规模转型过程中。在生活的方方面面，没有智能的数字信息将变得毫无意义。未来十年将由人工智能改变。互联网时代即将过渡到人工智能时代。

然而，理解人工智能的"群体"才刚刚开始。在这种情况下，我很高兴 Ameet Joshi 博士写作了这本关于机器学习和人工智能的书。当一个话题能引起人们的极大兴趣并具有影响力时，人们永远不会有足够的知识和学习资源。与个人计算机时代或互联网时代创造的那种学习内容相比，机器学习和人工智能相关的内容仍然稀少，而且有一定针对性。即使对于精通技术的人来说，这仍然是一个神秘的领域。虽然有必要解决所有受众的问题，但迫切需要为那些能熟练掌握数学和科学而不一定是计算机科学家或工程师的人们阐明这一领域。这些人愿意并且有能力很好地掌握机器学习和人工智能。他们对数据和数学的理解相当深入，他们可能理解传统的计算和算法，但他们远离了数据科学专家所涉及的领域。他们渴望挽起袖子，潜入其中，并从基础上了解什么是机器学习和人工智能。机器学习和人工智能学习民主化的时机已经成熟。Joshi 博士的书恰好能够满足这一需求。读过本书的大多数人可能不会成为数据科学家，但他们都会对机器学习和人工智能的工作方式有一个了解，并能够将其应用到他们所从事的任何工作领域。他们将能够看到人工智能的每一个应用，无论是与之交谈的数字助理，还是以一种截然不同的视角和更深刻的理解对广告进行准确定位或对机票价格波动进行准确预测。围绕着发生在我们身边的许多数字化事物的神秘笼罩似乎更加明显和真实。更重要的是，我希望阅读本书的人能够利用学到的知识，在他们未来的工作领域中寻找应用。对于某些读者来说，这甚至可能充分激发他们的兴趣，使他们成为机器学习和人工智能的专业从业者。对于这样的专业人才，肯定有巨大的需求。

Joshi 博士本人就是一位充满激情的从业者。他的热情在这本书中表现得淋漓尽致。他从事过广泛的机器学习和人工智能问题的研究，这些实践经验帮助他识别并解释了本书中相关的场景和应用。这是一本值得反复阅读的图书。当读者看到本书中所描述的技术在现实世界中的应用时，他们很可能会想重温本书的各个章节，以更新他们的理解，或者深入探究某个领域。我认为这就是最值得拥有的书籍。即使作为一名业内资深人士，我也喜欢阅读这本书，并会随身携带一本。

阅读愉快。

Vij Rajarajan
微软公司总经理
美国华盛顿州雷德蒙德

　　有史以来最伟大的物理学家之一、诺贝尔奖获得者理查德·费曼（Richard Feynman）博士曾经被他的同行要求解释当时刚刚发现的费米–狄拉克（Fermi-Dirac）统计的一个性质。费曼迅速说道：

　　我不仅会向你们解释它，而且还将为新手准备一个关于它的讲座。

然而，很不寻常的是，几天后，他回来承认：

　　我做不到。我无法将解释简化为新手水平。那意味着我们真的不理解它。

甚至连费曼博士也说出了这种言论。然而，除了费米–狄拉克统计本身的话题外，它还暗示着我们对一般事物理解的深刻思考。这里的新手水平基本上意味着可以直接使用数学或物理中的基本原理推导出来的东西。这种想法总是使我有意识地尝试用基本原理来解释我声称理解的所有事物，尝试从概念上解释所有事物，而不仅仅是使用复杂的方程组。

　　在过去的十年里，人工智能和机器学习领域发展迅猛。随着广泛的普及，该领域的核心概念时而被淡化，时而被重新诠释。随着该领域的指数级增长，该领域的范围也在不断地增长。这个领域的新手很快就会发现这个话题令人生畏和困惑。人们总是可以从网络上搜索相关主题或者只是从维基百科开始了解相关内容，但通常情况下，每一个主题都会给你带来越来越多的新概念和未知的概念，很容易让你迷失方向。而且，机器学习中的大多数概念都深深植根于数学和统计学中。没有理论数学和统计学的扎实背景，定理和引理的复杂推导会使人们对该领域感到困惑和无趣。

　　我在这里尝试介绍机器学习及其应用中最基本的主题，以直观和概念性的方式构建人工智能解决方案。有时会使用一些数学指导，如果没有这些指导，概念就不够清晰，但我已经尽量避免复杂的推导和证明，以便让那些不具有强大数学背景的读者更容易理解书中的内容。根据费曼博士的说法，在这个过程中，我还要确保自己理解了它们。就一般的数学和统计要求而言，我认为一般的本科水平应该足够了。而且，随着开源领域中机器学习库的激增和标准化，人们不需要对该理论进行多么深入的数学理解就可以实现最先进的机器学习模型，从而得到最新的智能解决方案。

　　当尝试解决给定应用程序中的问题时，引起混乱的主要根源之一是算法的选择。通常，这里介绍的每种算法都源自某个特定的问题，但是该算法通常不限于仅解决该问题。然而，即使对于一个具有强大数学背景的博士生来说，为给定的问题选择正确的算法也并非易事。为了区分两者，我已经把这两个方面分成了独立的部分来介绍。这将使读者更容易理解。

建议读者从第一部分开始，然后根据需要选择第二部分或第三部分。对于学生来说，按顺序学习本书是理想的选择，而具有专业背景的该领域的新手则更适合从第三部分开始，以便理解或专注于手头的精确应用，然后根据需要在第二部分深入研究算法的理论细节。第四部分和第五部分应随后学习。我已经在两个部分之间添加了足够的交叉引用，以使过渡平滑。

在我看来，除非人们能看到模型在真实数据上的作用，否则就无法完全理解。因此，在详细介绍算法和应用程序之后，我添加了另一部分内容，以介绍使用免费和开源选项的模型的基本实现。完成这部分内容的学习将使读者能够使用最新的机器学习技术解决人工智能中的现实问题！

Ameet Joshi

美国华盛顿州雷德蒙德

2019 年 3 月

　　我想借此机会感谢那些对本书的创作产生了深远影响的人。这是我写的第一本书。写书是一项颇具挑战性的工作，有好几次我几乎放弃了。但是，我的妻子 Meghana 以及儿子 Dhroov 和 Sushaan 的不断支持和鼓励，确实帮助我继续努力并最终完成了这本书。我还要感谢我的父亲 Vijay 和兄弟 Mandar，感谢他们的反馈和支持。

　　我要感谢 Springer 出版社的 Mary James 在我完成本书的过程中给予的鼓励、支持和理解。

　　本书是一次将机器学习领域中的不同方向统一起来以产生人工智能体验的实践。因此，本书基本上建立在过去几十年由无数卓越的科学家和杰出的数学家所创造的知识支柱上。所以，我也要感谢他们。

　　最后但并非最不重要的是，我引用了过去六七十年间制作的一些具有里程碑意义的电影的多段台词，这些电影描绘了人工智能的各种场景。这些电影，比如《2001：太空漫游》《星球大战》《战争游戏》《终结者 2：审判日》和《黑客帝国》等，展示了人工智能的能力和范围以及它如何改变我们的生活。这些电影化的诠释以极富影响力的方式向外行表达了这些极其复杂和技术性的概念，并为未来的发展做好了准备。没有它们，该领域的技术进步将与人类脱节，所以我要感谢这些电影的创作者。

第五部分 实 现

第 22 章　Azure 机器学习 ⋯⋯⋯⋯172

第 23 章　开源机器学习库 ⋯⋯⋯183

第 24 章　亚马逊的机器学习工
　　　　　具包：SageMaker ⋯⋯⋯193

第六部分 结 语

第 25 章　本书总结和下一步工作⋯202

参考文献

第1章

人工智能和机器学习简介

第一部分

Machine Learning and Artificial Intelligence

简　介

这是你的最后机会。这以后，你将没有机会回头。如果你选择蓝色药丸——故事就此结束，你在自己床上醒来，继续相信你愿意相信的一切。如果你吃下红色药丸——你将留在仙境，我会让你看看兔子洞究竟有多深。问题是，你选择哪种药丸？

——Morpheus，《黑客帝国》

简要介绍

这部分介绍了人工智能（Artificial Intelligence，AI）和机器学习（Machine Learning，ML）在现代背景下的概念，并讨论了使用这些概念的各种场景。进一步，本部分还讨论了数据的理解、表示和可视化方面，这些为后续主题奠定了基础。这将成为深入研究技术、应用程序和实现细节的很好的起点。

Machine Learning and Artificial Intelligence

人工智能和机器学习简介

1.1 引言

人工智能和机器学习领域在过去十年里发生了爆炸式增长，这是一种保守的说法。这种指数增长有一些相当合理的原因，也有一些不那么合理的原因。由于这种增长和流行，还出现了一些最常误用的词。随着该领域的巨大发展，它也成了理解范围内最令人困惑的领域之一。关于人工智能和机器学习这两个术语的定义也变得模糊不清。

我们不会尝试用文字游戏来定义这些实体，而是会学习这些实体的起源和范围的上下文。这将使它们的含义显而易见。这些词的根源来自多个学科，而不仅仅是计算机科学。这些学科中较常见的学科包括纯数学、电气工程、统计学、信号处理、通信以及计算机科学。我无法想象任何其他领域会出现如此广泛的学科融合。随着各种各样的起源，该领域还在更多行业中得到了应用，从像图像处理、自然语言处理这样的高科技应用到在线购物再到核电站的无损检测等。

尽管它是多学科的，但我们可以从概念上进行学习，弄清其范围。这就是本书的主要目标。我想让这个领域的新手、研究生水平的学生以及从事该领域工作的工程师和专业人士更容易理解这一领域。

1.2 什么是人工智能

艾伦·图灵（Alan Turing）对人工智能的定义如下："如果窗帘后面有一台机器，并且有人正在与之互动（无论以何种方式，例如音频或打字等），并且如果该人觉得他正在与另一个人互动，那么这台机器就是人工智能的。"这是定义 AI 的一种非常独特的方式。它并不直接针对智能的概念，而是专注于类人的行为。事实上，这一目标的范围甚至比单纯的智能更为广泛。从这个角度来看，AI 并不意味着要建造一台可以立即解决任何问题的超智能机器，而是要建造一台能模仿人类行为的机器。然而，仅仅制造模仿人类的机器听起来并不有趣。从现代角度来看，每当我们谈到 AI 时，指的是能够执行以下一项或多项任务的机器：理解人类语言，执行涉及复杂操纵的机械任务，在很短的时间内解决可能涉及大量数据的基于计算机的复杂问题，并以类人的方式回复答案，等等。

电影《2001：太空漫游》中描述的超级计算机 HAL 非常接近现代 AI 的观点。它是一台机器，能够处理各种来源的大量数据，并以极快的速度生成对其的见解和总结，并且能够以类人的交互方式（如语音对话）将这些结果传达给人类。

从类人行为的角度来看，人工智能有两个方面。一方面，机器是智能的并且能够与人类交流，但是没有任何运动功能。HAL 就是这类人工智能的例子。另一方面，涉及与类人的运动能力的物理交互，这涉及机器人领域。在本书中，我们将只讨论第一种人工智能。

1.3　什么是机器学习

术语“机器学习”或简称 ML（Machine Learning），是亚瑟·塞缪尔（Arthur Samuel）在 1959 年用机器解决跳棋游戏的背景下提出的。该术语指的是一种计算机程序，它可以学习产生一种行为，而这种行为不是由程序的作者明确编程实现的。相反，它能够显示出作者可能完全没有意识到的行为。这种行为的学习基于三个因素：（1）程序消耗的数据，（2）量化当前行为和理想行为之间的误差或某种形式的距离的度量，以及（3）使用量化误差指导程序在后续事件中产生更好行为的反馈机制。可以看出，第二个和第三个因素很快使这个概念变得抽象，并强调其深层的数学根源。机器学习理论中的方法对于构建人工智能系统至关重要。

1.4　本书的结构

本书分为六部分，具体如下：
1. 简介。
2. 机器学习。
3. 构建端到端管道。
4. 人工智能。

5. 实现。

6. 结语。

1.4.1 简介

本书的第一部分介绍了该领域的关键概念，并概述了该领域的范围。在这些章节中讨论的多个方面可能看起来是不连贯的，但是放在一起对于该领域的全面理解和激发信心都是极其重要的。这部分还讨论了对通常观察到的原始数据的初步理解和处理。这为读者理解后续部分奠定了基础。

1.4.2 机器学习

本书的第二部分论述了机器学习的理论基础。在这一部分中，我们将研究各种算法及其起源和应用。机器学习结合了各种各样的算法，这些算法起源于电气工程、信号处理、统计学、财务分析、遗传科学等领域。尽管这些算法起源于根本不同的领域，但它们主要是从纯数学和统计学的原理发展而来的。除了其根源之外，它们还有一个共同点：使用计算机来自动化复杂的计算。这些计算最终会解决一些看起来非常困难的问题，以至于人们会认为这些问题是由某种智能实体或人工智能解决的。

1.4.3 构建端到端管道

在学习了机器学习理论之后，我们几乎可以开始解决现实世界中的问题了。但是，本部分将解决仍然存在的一个微小差距。将理论与应用相结合是这部分学习的主要目标。为解决现实生活问题而构建的机器学习系统总是涉及按顺序操作多个组件，从而创建一个操作管道。本部分将讨论此类管道的所有基本组件，这类管道在输入端获取原始数据，并在输出端产生可解释的结果。

1.4.4 人工智能

这可能是本书最有趣的部分，直接涉及机器学习已解决的问题以及我们在日常生活中遇到的问题。这些应用代表了已在各种不同行业中解决的实际问题，例如，针对国家安全的人脸识别要求、为电子商务提供商检测垃圾邮件、在对人类有危险的地区部署无人机来执行战术工作等。这些应用需要用到前面描述的丰富的机器学习技术。区分应用和技术是很重要的，因为这些领域之间存在非常重要的重叠。有些技术专门为某些类型的应用开发，但是有些应用可以从各种不同的技术中受益，并且它们之间的关系是多对多的。只有当我们开始分别从这些角度看待这个领域时，很多困惑才会消失，事情才开始变得有意义。这些问题的无缝解决方案以及将它们交付给数百万人的方式，创造了人工智能的感觉。

1.4.5　实现

完成第一部分和第二部分的学习后，可以有足够的信心对机器学习和人工智能领域中的给定问题进行分析，并提出解决方案的大纲。但是，该大纲不足以实际实现解决方案。在大多数情况下，理论是相当复杂的，优化问题的解决也不是简单的。我不打算深入研究可以直接转换为计算机程序的深层数学证明和流程图，其原因有两个：

1. 内容可能很快变得过于数学化，并将让大多数目标读者失去兴趣。

2. 这里讨论的所有技术背后的完整理论是如此之广，以至于无法在单本书内讨论。

但是，我在这里的目标是对这些技术的概念性理解，这足以让专业的计算机工程师，或数据分析师／科学家掌握问题的基本关键参数。

幸运的是，机器学习领域的开源库已经发展成熟，只要对技术和应用具备这样的概念性理解，就可以自信地实现可靠而健壮的人工智能解决方案，而无须完全理解底层数学。这是本书第三部分的目标。这部分将真正使读者能够继续前进，构建一个复杂问题的端到端解决方案，并演示一个人工智能系统。

1.4.6　结语

在最后一部分中，我们总结学习内容，并为读者讨论接下来的步骤。读完本书后，读者将有足够的能力着手解决仍未解决的现实问题，并使世界变得更美好。

人工智能和机器学习的基本概念

2.1　引言

　　根据技术、应用或实现进行分类的概念特别多。然而，它们是整个机器学习理论及其应用的核心，需要特别注意。我们将在本章中介绍这些主题并将继续在书中对它们进行修订，但把它们汇总在这里将使读者更有能力研究后面的章节。

2.2　大数据和非大数据

2.2.1　什么是大数据

　　自云计算出现以来，大数据处理已经成为人工智能和机器学习领域中非常有趣且令人兴奋的篇章。虽然没有特定的内存大小，将超过该大小的数据称为大数据，但通常公认的定义如下：当数据量足够大，以至于不能在单个机器上进行处理时，将其称为大数据。基于当前（2018 年）一代的计算机，这相当于大约 10GB。它还可以更高，达到数百 PB（1PB 为 1000TB，1TB 为 1000GB）甚至更高。

2.2.2　为什么我们应该区别对待大数据

　　虽然只是通过简单的大小限制将大数据与非大数据分开，但是当我们从非大数据迁移到大数据时，数据的处理方式发生了巨大的变化。对于处理非大数据，无须担心每一位数据的存储位置。由于所有数据都可以加载到单台机器的内存中，并且可以在不增加额外开销的情况下进行访问，因此所有典型的数值或字符串运算都在可预测的时间内执行。但是，一旦我们进入大数据领域，所有这些都变了。我们正在处理的是一个计算机集群，而不是一台机器。集群中的每台机器都有自己的存储和计算资源。对于所有的数值和字符串运算，必须小心地将数据分割到不同的机器上，这样单个运算中的所有操作数都可以在同一台机器上使用。否则在机器之间移动数据会产生额外的开销，并且通常是一个计算密集型的操作。对于大数据而言，迭代运算的计算量特别大。因此，在处理大数据时，还必须仔细设计存储以及操作。

2.3　学习类型

机器学习算法大致分为三种类型：

1. 监督学习算法。

2. 无监督学习算法。

3. 强化学习算法。

让我们详细了解每种类型。

2.3.1　监督学习

为简单起见，让我们将机器学习系统看作一个黑盒，在给定一些输入时会产生一些输出。如果我们已经有一个历史数据，该历史数据包含一组输入的一组输出，则基于这些数据的学习称为监督学习。监督学习的一个经典示例是分类。假设我们已经测量了 3 种不同类型的花（Setosa 山鸢尾、Versicolor 变色鸢尾、Virginica 弗吉尼亚鸢尾）的 4 种不同的属性（萼片长度、萼片宽度、花瓣长度和花瓣宽度）[3]。我们对每种花的 25 种不同示例进行了测量。然后，这些数据将用作训练数据，其中有可用于训练模型的输入（4 个测量的属性）和相应的输出（花的类型）。然后以监督的方式训练合适的机器学习模型。一旦模型被训练好，就可以根据萼片和花瓣的尺寸对任何花（在三种已知类型之间）进行分类。

2.3.2　无监督学习

在无监督学习范式中，标记数据是不可用的。无监督学习的一个经典例子是"聚类"。考虑与前面小节中描述的相同示例，在该示例中，我们对三种类型的花的萼片和花瓣尺寸进行了测量。但是，在本例中，我们没有每组测量的花的确切名称。我们所拥有的只是一组测量值。此外，我们被告知这些测量值属于三种不同类型的花。在这种情况下，可以使用无监督学习技术自动识别三组测量值（所属的）类簇。但是，由于标签未知，我们所能做的就是将每个类簇称为 flower-type-1、flower-type-2 和 flower-type-3。如果给出一组新的测量值，我们可以找到它们最接近的类簇，并将它们归类为其中之一。

2.3.3 强化学习

强化学习是一种特殊的学习方法，需要与监督和无监督方法分开对待。强化学习涉及来自环境的反馈，因此它并不是完全无监督的，但是，它也没有一组可用于训练的标记样本，因此不能将其视为有监督的。在强化学习方法中，系统不断地与环境进行交互以寻求产生期望的行为，并从环境中获取反馈。

2.4　基于时间的机器学习方法

划分机器学习方法的另一种方式是根据它们处理的数据类型进行分类。接收静态标记数据的系统称为静态学习方法。处理随时间不断变化的数据的系统称为动态方法。每种方法都可以是有监督的，也可以是无监督的，但是，强化学习方法始终是动态的。

2.4.1 静态学习

静态学习是指对作为单个快照获取的数据进行学习，并且数据的属性随时间保持不变。一旦在数据上训练了模型（使用监督学习或无监督学习），就可以在将来的任何时间将训练后的模型应用于类似的数据，而且该模型仍然有效，并将按预期执行。典型的例子是不同动物的图像分类。

2.4.2 动态学习

这也称为基于时间序列的学习。这类问题中的数据对时间敏感，会随着时间不断变化。因此，模型训练不是一个静态的过程，而是需要不断地（或在每个合理的时间窗口之后）对模型进行训练，以保持有效。此类问题的典型例子是天气预报或股票市场预测。一年前训练过的模型对于预测明天的天气或预测明天任何股票的价格将完全无用。两种类型的根本区别在于状态的概念。在静态模型中，模型的状态是不变的，而在动态模型中，模型的状态是时间的函数，它在不断变化。

2.5　维数

在处理各种数据集时，维数通常是一个令人困惑的概念。从物理角度看，维度是空间维度：长度、宽度和高度。（为了简单起见，我们不把时间当作第四维度来深入研究物理学。）在任何现实生活的场景中，我们遇到的都不超过这三个维度。但是，当我们处理用于机器学习的数据时，通常有几十个、数百个甚至更多个维度。为了理解这些高维度，我们需要研究维度的基本性质。空间维度的定义使得每个维度都与其他两个维度垂直或正交。这种正交性对于三维空间中的所有点都有唯一表示至关重要。如果维度不是互相正交的，则空间中的相同点可以具有多种表示形式，并且基于此的整个数学计算将失败。例如，如果我们将三个坐标设置为长度、宽度和高度，并具有任意的原点（原点的精确位置仅会更改坐标值，但不会影响唯一性属性，因此只要它在整个计算过程中保持不变，任何原点的选择都是可以的。）坐标（0,0,0）标记原点本身的位置。坐标（1,1,1）将标记一个点空间，该点空间在每个维度中均距原点 1 个单位，并且是唯一的。没有其他坐标系可以表示空间中的相同位置。

现在，让我们将这个概念扩展到更高的维度。在数学上添加更多的维度相对容易，但是很难在空间上可视化它们。如果我们添加第四个维度，则它必须与之前的所有三个维度都正交。在这样的四维空间中，原点的坐标为（0,0,0,0）。三维空间中的点（1,1,1）可以在四维空间中具有坐标（1,1,1,0）。只要确保正交性，就可以保证坐标的唯一性。同样地，我们可以有任意数量的维度，所有的数学计算仍然成立。

考虑前面章节中描述的鸢尾花数据示例。输入有 4 个特征：萼片和花瓣的长度和宽度。由于这 4 个特征相互独立，所以它们可以看作是正交的。因此，当使用鸢尾花数据解决问题时，我们实际上是在处理四维输入空间。

维数灾难

即使从数学的角度来看，增加任意数量的维度都是可以的，但是仍然存在一个问题。随着维度的增加，数据的密度呈指数下降。例如，如果我们在训练数据中有 1000 个数据点，并且数据具有 3 个独有的特征。假设所有特征的值在 1 ~ 10 之间。所有这 1000 个数据点都位于一个大小为 10×10×10 的立方体中。因此，密度为 1000/1000 或每单位立方体 1 个样本。如果有 5 个独有的特征而不是 3 个，那么数据的密度很快就会下降到每单位 5 维立方体 0.01 个样本。数据的密度很重要，因为数据的密度越高，找到一个好模型的可能性就越大，模型准确性的置信度就越高。如果密度很低，则使用该数据的训练模型的置信度就会很低。因此，尽管高维在数学上是可以接受的，但是人们需要注意维数，以便能够开发出具有高置信度的良好的机器学习模型。

2.6 线性和非线性

　　线性和非线性的概念适用于数据和建立在数据上的模型。然而，线性的概念在每种情况下都不同。如果输入和输出之间的关系是线性的，则称数据为线性的。简单地说，当输入值增加时，输出值也增加，反之亦然。纯逆关系也称为线性关系，对于输入和输出，将遵循符号反转的规则。图 2.1 显示了输入和输出之间各种可能的线性关系。

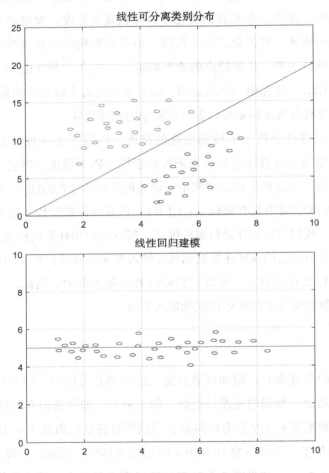

图 2.1　输入和输出之间的线性关系示例

　　线性模型的定义稍微复杂一些。所有使用线性方程对输入和输出之间的关系进行建模的模型都称为线性模型。然而，有时，通过预处理输入或输出，可以将数据之间的非线性关系转换为线性关系，然后可以在其上应用线性模型。例如，如果输入和输出与指数关系 $y = 5\,e^x$ 相关。数据显然是非线性的。然而，我们可以在应用取对数（log）操作之后构建模型，而不是在原始数据上构建模型。该操作将原来的非线性关系转换为线性关系，即 $\log y = 5x$。然后我们建立线性模型来预测 $\log y$ 而不是 y，然后可以通过取指数将其转换为 y。在某些情况下，一个问题可以分解为多个部分，并且可以将线性模型应用于每个部分，以最终解决一个非线性问题。图 2.2 和图 2.3 分别显示了转换后的线性关系和分段线性关系的示例。而在某些情况下，这种关系是纯非线性的，需要一个合适的非线性模型来映射它（图 2.4）。图 2.4 显示了纯非线性关系的示例。

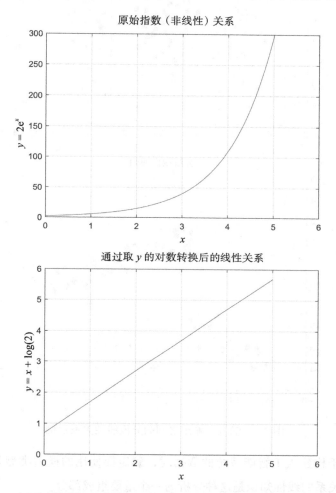

图 2.2　应用对数将输入与输出之间的非线性关系转换为线性关系的示例

　　线性模型是最容易理解、构建和解释的。我们的大脑高度适应线性模型，因为我们的大多数经验都倾向于线性趋势。大多数时候，我们所谓的直觉行为在数学上是一种线性行为。机器学习理论中的所有模型都能处理线性数据。纯线性模型的例子有线性回归，没有非线性核的支持向量机等。非线性模型固有地使用一些非线性函数来近似数据的非线性特性。非线性模型的例子包括神经网络、决策树、基于非线性分布的概率模型等。

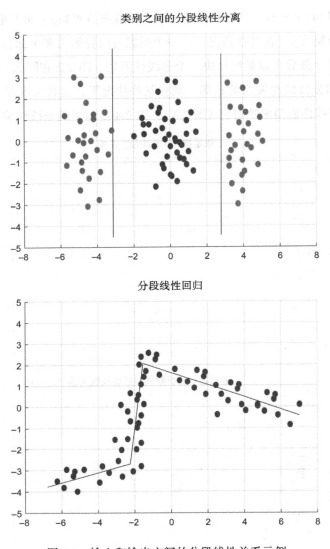

图 2.3   输入和输出之间的分段线性关系示例

在分析用于构建人工智能系统的数据时，确定要使用的模型类型是一个关键的起始步骤，以及关系的线性知识是这种分析的一个重要组成部分。

2.7   奥卡姆剃刀原理

在开发和应用机器学习模型时，总是会遇到多种可能的解决方案和多种可能的方法来获得答案。很多时候，对于哪种解决方案或哪种方法比其他方法更好，没有任何理论指导。在这种情况下，奥卡姆剃刀原理的概念（有时也称为简约原则）可以有效地应用。该原理指出：

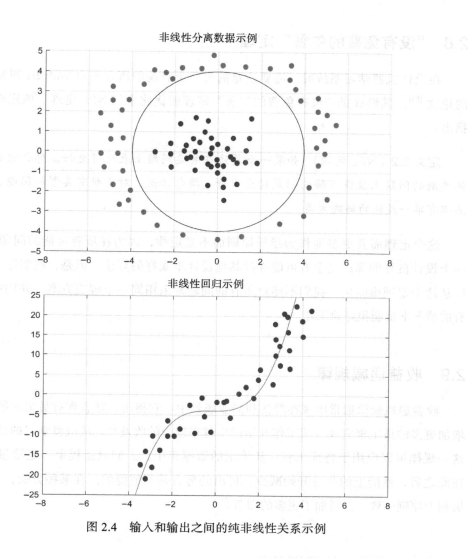

图 2.4 输入和输出之间的纯非线性关系示例

定义 2.1（奥卡姆剃刀原理） 一个人不应该做出超过最低需求的假设，或者换句话说，当一个解决方案有多种选择时，最简单的方法就是最好的。

这个原理不完全是一个定理，不能作为一个定量规则或方程来应用。但是，在现实生活中做出这样的决定时，它是一个强有力的有效的概念指南。还需要注意的是，这条规则创建了一种折中的形式，一方面，我们拥有更多复杂性形式的信息，另一方面，我们却拥有更少的简单性形式的信息。人们不应该过于简单化问题，以致丢失一些核心信息。奥卡姆剃刀原理的另一个衍生方面是更简单的解决方案往往具有更多的泛化能力。

2.8 "没有免费的午餐"定理

在设计机器学习系统时，需要注意的另一个有趣的概念来自 Wolpert 和 Macready 的论文 [59]，其形式是"没有免费的午餐"定理或优化中的 NFL 定理。该定理实质上指出：

定义 2.2（NFL 定理） 如果一个算法在某类问题上表现得更好，那么它会以在其他类别的问题上性能下降的形式付出代价。换句话说，对于所有类型的问题，你都无法拥有单一最佳的解决方案。

这个定理需要更多地作为指导原则而不是定律，因为在所有可能的问题类别中，一个设计良好的算法完全有可能胜过其他设计不太好的算法。但是，在实际情况下可以从这个定理推断出，我们不能对所有的问题都采用同一个解决方案，并期望它在所有的情况下都能很好地工作。

2.9 收益递减规律

收益递减规律通常出现在经济和商业场景中。它指出，随着现有员工人数的增加，增加更多的员工来完成一项工作开始产生越来越少的收益 [9]。从机器学习的角度来看，这一规律可以应用于特征工程。从给定的数据集中，人们只能提取一定数量的特征，在此之后，性能上的收益开始减少，付出的努力是不值得的。在某些方面，它与奥卡姆剃刀原理一致，并增加了更多的细节。

2.10 机器学习的早期趋势

在机器学习开始真正意义上的商业化之前，很少有其他系统已经突破常规计算的边界。其中一个显著的应用是专家系统。

专家系统

艾伦·图灵的定义标志着机器智能被认可的时代的开始，人工智能领域也随之诞生。然而，在早期（一直到 20 世纪 80 年代），机器智能或机器学习领域仅限于所谓的专家系统或基于知识的系统。专家系统领域的顶尖专家之一，Edward Feigenbaum 博士，曾经这样定义专家系统：

定义 2.3（专家系统）　一种智能计算机程序，使用知识和推理过程来解决很难解决的以至于需要大量的人类专业知识才能解决的问题[40]。

这种系统能够替代某些领域的专家。这些机器经过编程，用于执行基于复杂逻辑运算的复杂启发式任务。尽管这些系统能够取代特定领域的专家，但如果我们将其与人类智能进行比较，就会发现它们并不是真正意义上的"智能"系统。原因是系统被"硬编码"为仅解决特定类型的问题，如果需要解决一个更简单但完全不同的问题，这些系统将很快变得完全无用。尽管如此，这些系统还是非常流行和成功的，特别是在需要重复但高度精确的性能的领域，例如诊断、检查、监测和控制[40]。

2.11　小结

本章研究了机器学习理论和人工智能系统构建中使用的各种不同的概念。这些概念来自不同的上下文和不同的应用，但在本章中，我们将它们汇总到一处以供参考。在解决一些现实生活中的问题和构建人工智能系统时，所有这些概念都需要时刻放在心中。

数据的理解、表示和可视化

3.1 引言

在开始本书下一部分的机器学习理论之前，本章主要关注数据的理解、表示和可视化。在整本书中，我们将多次使用这里描述的技术。这些步骤可以统称为数据预处理。

随着最近连接到互联网的小型设备⊖的爆炸式增长，产生的数据量呈指数级增长。如果处理得当，这些数据对于生成各种见解非常有用，否则它只会加重系统处理它的负担，并减慢一切。数据的一般处理和组织然后解释科学称为数据科学。这是一个相当通用的术语，机器学习和人工智能的概念是其中的一部分。

3.2 理解数据

构建人工智能应用的第一步是理解数据。原始形式的数据可以来自不同的来源和不同的格式。有些数据可能会丢失，有些数据可能格式错误，等等。熟悉数据是首要任务。必要时清理数据。

理解数据的步骤可以分为三个部分：

1. 理解实体。

2. 理解属性。

3. 理解数据类型。

为了理解这些概念，让我们考虑一个称为 Iris 数据（鸢尾属植物数据）的数据集[3]。Iris 数据是机器学习领域中应用最广泛的数据集之一，因为它的简单性和同时演示机器学习的多个不同方面的能力。具体而言，Iris 数据说明了三种不同类型的花的多类

⊖ 有时，由这些设备组成的网络称为物联网或 IoT。

别分类问题,这些花分别是山鸢尾(Setosa)、变色鸢尾(Versicolor)和弗吉尼亚鸢尾(Virginica)。该数据集是学习基础机器学习应用的理想选择,因为它不包含任何缺失值,并且所有数据都是数值的。每个样本有 4 个特征,每个类别有 50 个样本,共计150 个样本。这是从数据中抽取的样本。

3.2.1 理解实体

在数据科学或机器学习和人工智能领域,实体表示基于概念性主题和 / 或数据获取方法分离的数据组。实体通常表示数据库中的表或平面文件,例如逗号分隔变量(csv,comma separated variable)文件或制表符分隔变量(tsv,tab separated variable)文件。有时,使用更结构化的格式(如 svmlight ⊖)来表示实体会更有效。每个实体可以包含多个属性。每个应用的原始数据可以包含多个这样的实体(表 3.1)。

对于 Iris 数据,我们只有一个这样的实体,即花朵的萼片和花瓣的尺寸。然而,如果一个人试图解决这种分类问题,发现仅有关于萼片和花瓣的数据是不够的,那么他 /她可以以附加实体的形式添加更多的信息。例如,可以添加更多有关花的颜色、气味或产生花朵的树木寿命等形式的信息,以提高分类性能。

3.2.2 理解属性

每个属性都可以看作是文件或表中的一列。对于 Iris 数据,来自单个给定实体的属性是以厘米为单位的萼片长度(Sepal-length)、以厘米为单位的萼片宽度(Sepal-width)、以厘米为单位的花瓣长度(Petal-length)、以厘米为单位的花瓣宽度(Petal-width)。如果我们添加了其他实体,如颜色、气味等,那么这些实体中的每个实体都将具有自己的属性。需要注意的是,在当前数据中,所有列都是特征,并且没有 ID 列。由于只有一个实体,所以 ID 列是可选的,因为我们可以为每一行分配任意唯一的 ID。但是,当我们有多个实体时,我们需要为每个实体提供一个 ID 列,以及不同实体的 ID之间的关系。然后,可以使用这些 ID 来连接实体以形成特征空间。

⊖ 在稀疏数据的情况下,像 svmlight 这样的结构化格式更有用,因为它们在数据完全填充时增加了大量的开销。稀疏数据是具有高维度(通常为数百或更多)的数据,但是有许多样本缺少多个属性的值。在这种情况下,如果数据是作为一个完全填充的矩阵给出的,那么它将占用内存中的巨大空间。像svmlight 这样的格式采用名称 – 值对方法来成对指定属性的名称及其值。名称 – 值对仅针对存在值的属性给出。因此,每个样本现在可以具有不同数量的对。模型需要假设对于所有缺失的名称 – 值对,(相应)数据都缺失了。尽管在每个样本中都添加了名称,但由于数据的稀疏性,文件要小得多。

表 3.1　来自包含 3 个类别和 4 个属性的 Iris 数据集的样本

萼片长度	萼片宽度	花瓣长度	花瓣宽度	分类标签
5.1	3.5	1.4	0.2	Iris-setosa
4.9	3.0	1.4	0.2	Iris-setosa
4.7	3.2	1.3	0.2	Iris-setosa
4.6	3.1	1.5	0.2	Iris-setosa
5.0	3.6	1.4	0.2	Iris-setosa
4.8	3.4	1.9	0.2	Iris-setosa
5.0	3.0	1.6	0.2	Iris-setosa
5.0	3.4	1.6	0.4	Iris-setosa
5.2	3.5	1.5	0.2	Iris-setosa
5.2	3.4	1.4	0.2	Iris-setosa
7.0	3.2	4.7	1.4	Iris-versicolor
6.4	3.2	4.5	1.5	Iris-versicolor
6.9	3.1	4.9	1.5	Iris-versicolor
5.5	2.3	4.0	1.3	Iris-versicolor
6.5	2.8	4.6	1.5	Iris-versicolor
6.7	3.1	4.7	1.5	Iris-versicolor
6.3	2.3	4.4	1.3	Iris-versicolor
5.6	3.0	4.1	1.3	Iris-versicolor
5.5	2.5	4.0	1.3	Iris-versicolor
5.5	2.6	4.4	1.2	Iris-versicolor
6.3	3.3	6.0	2.5	Iris-virginica
5.8	2.7	5.1	1.9	Iris-virginica
7.1	3.0	5.9	2.1	Iris-virginica
6.3	2.9	5.6	1.8	Iris-virginica
6.5	3.0	5.8	2.2	Iris-virginica
6.7	3.0	5.2	2.3	Iris-virginica
6.3	2.5	5.0	1.9	Iris-virginica
6.5	3.0	5.2	2.0	Iris-virginica
6.2	3.4	5.4	2.3	Iris-virginica
5.9	3.0	5.1	1.8	Iris-virginica

3.2.3　理解数据类型

从存储和处理的角度来看，每个实体中的属性可以是各种不同的类型，例如字符串、整数值、日期时间、二进制（"true"/"false"或"1"/"0"）等。有时属性可以来自完全不同的域，如图像或声音文件等。每种类型都需要单独处理，以生成将由机器学习算法使用的特征向量。我们将在第 15 章讨论这种处理的细节。如前所述，我们还会遇到稀疏数据，在这种情况下，某些属性将缺少值。这种缺失的数据通常用特殊字符替换，不应与任何实际值混淆。为了处理缺失值的数据，可以使用一些默认值来填充缺失值，或者使用可以处理缺失数据的算法。

对于 Iris 数据，所有属性都是实数值，并且没有缺失数据。但是，如果我们添加附加实体，比如颜色，它将具有枚举类型的字符串特征，如绿色（green）、橙色（orange）等。

3.3　数据的表示和可视化

即使在我们已经理解了三个层次的数据之后，我们仍然不知道数据如何分布以及它如何与输出或类别标签相关联。这标志着预处理数据的最后一步。我们生活在三维世界里，所以任何高达三维的数据都可以绘制出来并可视化。但是，当超过三维时，就变得棘手了。例如，Iris 数据也有 4 个维度。我们无法在一个可视化的图中绘制每个样本中的全部信息。在这种情况下有两种选择：

1. 绘制多个图，一次绘制两个或三个维度。

2. 降低数据的维数，最多绘制三维。

绘制多个图很容易，但是它会分割信息，并且变得更难于理解不同维度之间如何相互作用。降维通常是首选的方法。最常用的降维方法有：

1. 主成分分析（PCA，Principal Component Analysis）。

2. 线性判别分析（LDA，Linear Discriminant Analysis）。

3.3.1　主成分分析

我们最多只能在二维或三维中可视化数据。但是，通常的做法是将数据的维数设置为数十甚至数百。在这种情况下，我们可以很好地使用这些算法，因为它们所基于的数学可以完美地扩展到更高的维度。但是，如果我们想真正看看数据以查看分布的趋势或者查看分类或回归的实际作用，那就变得不可能了。方法之一是将数据绘制成维度对。然而，在这种情况下，我们只能在任何一个图中看到部分信息，并且通过查看多个单独的图来并不总是能直观地了解总体趋势。在许多情况下，数据的实际维数远远小于数据呈现的维数。例如，查看图 3.1 中绘制的三维数据，以及图 3.2 中以不同视角绘制的相同数据。从第二个视角可以看出，如果我们可以适当地调整坐标，则数据实际上只是二维的。换句话说，可以想象所有要绘制在单张纸上的数据，该纸只有二维，然后以偏度的方式将其保存在三维空间中。如果我们能找到纸张方向的精确坐标 (X', Y')，作为三维空间 X、Y 和 Z 坐标的线性组合，我们就可以把数据的维数从 3 降到 2。上面的例子仅用于说明，在大多数实际情况下，较低的维数不会以如此明显的方式反映出来。通常，数据在所有维度中都包含一些信息，但是与其他维度中呈现的信息相比，某些维度中的信息范围可能非常小。出于可视化目的以及在实际应用中的目的，在不牺牲任何显著性能的情况下，丢失那些维度中的信息是完全可以接受的。

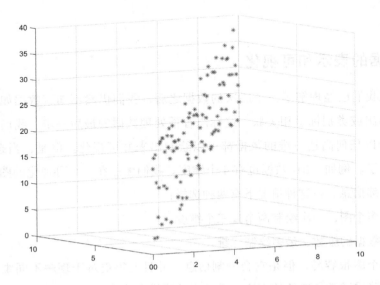

图 3.1   具有第一个视角的仅包含二维信息的三维数据

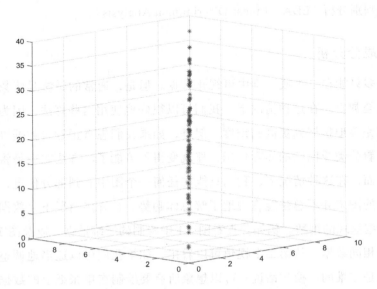

图 3.2   另外视角下仅包含二维信息的三维数据

如第 2 章所述, 较高的维数成倍增加了问题的复杂性, 在大多数情况下, 由于丢失某些信息而降低维数是可以接受的。

利用主成分分析 (PCA) 理论, 对分布在所有维度上的信息进行数学处理, 然后基于信息内容对这些维度进行排序。该理论基于矩阵的性质, 特别是奇异值分解 (singular value decomposition, SVD) 的过程。这个过程从首先找到最大扩散或信息内容最多的维度开始。如果我们从 n 维开始, 那么在找到第一个主成分之后, 算法会尝试在与第一个成分正交的剩余 $n-1$ 维空间中, 找到最大扩散的下一个成分。这个过程一直持续到我们到达最后一个维度。这个过程还给出了表示沿该维度的相对扩散的每个主成分的系数。由于发现所有的成分都具有确定的和单调递减的扩散系数, 因此这种表示形式对任何进一步的数据分析都是有用的。因此, 此过程不仅限于降低维数, 而且还可以找到表示数据的最佳维数。从图 3.3 中可以看出 (主成分用箭头表示), 原始数据和主成分都是二维的, 但是沿主成分的数据的表示形式却不同, 并且与原始坐标相比更为可取。

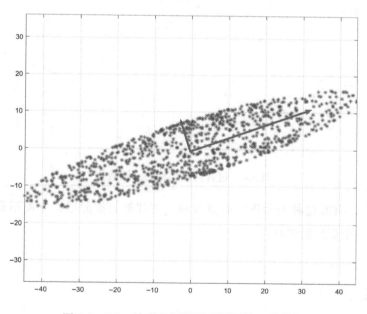

图 3.3 PCA 维度相同但沿不同轴的二维数据

3.3.2 线性判别分析

主成分分析 (PCA) 方法试图找到使数据方差最大化的维度, 线性判别分析 (LDA) 试图使数据类别之间的距离最大化。因此, 只有当我们在处理分类类型的问题时,

LDA 才能有效地工作，并且数据本质上包含多个类。从概念上讲，LDA 试图找到 $c-1$ 维的超平面，以实现：最大化两个类别的均值分离，并最小化每个类别的方差。这里 c 是类别的数目。因此，在进行这种分类时，它会找到 $c-1$ 维的数据表示形式。关于理论的完整数学细节，可以参考文献 [5]。

图 3.4 从一个视角显示了三维数据，其中的类别并不是完全可分离的。图 3.5 显示了数据的另一个视角，其中类是可分离的。LDA 准确地找到这个视角作为特征的线性组合，并在最好分离类别的直线上创建数据的一维表示。由于只有两个类别，因此 LDA 表示是一维的。LDA 表示与数据的原始维数无关。

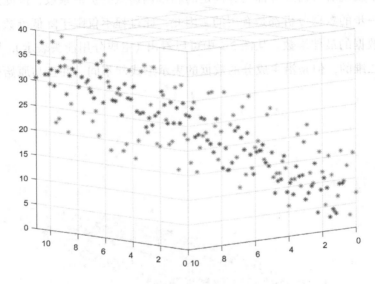

图 3.4　包含两个类别的三维数据

可以看出，有时这种表示形式有点极端，在理解数据的结构方面不是很有用，那么 PCA 将是一个更好的选择。

3.4　小结

在本章中，我们研究了为解决机器学习问题而准备数据的不同方面。每个问题都有一组独特的属性和训练数据中的怪癖。数据中的所有这些自定义异常都需要在用于训练模型之前消除。在这一章中，我们研究了不同的技术来理解和可视化数据、清理数据以及尽可能地降低维数，并使数据在机器学习管道的后续步骤中更容易建模。

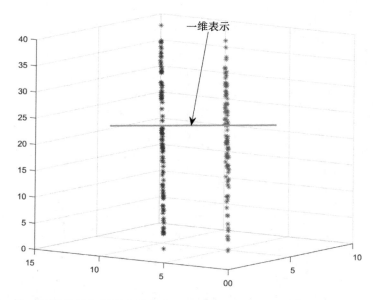

图 3.5　另一个视角下包含两个类别的三维数据，使用 LDA 表示。LDA 将数据的
　　　　有效维数降为 1 维，在这个维度中，两个类可以最好地分离

第4章

推荐方法

4.1 引言

第二部分

Machine Learning and Artificial Intelligence

机 器 学 习

未知的未来向我们滚滚而来。我第一次满怀希望地面对它。因为如果一台机器，一个终结者，可以学习人类生命的价值，也许我们也可以。

——Sarah Connor，《终结者 2：审判日》

简要介绍

在这一部分中，我们将重点介绍构成所有静态机器学习模型基础的各种技术。静态机器学习模型解决了数据是静态的且没有时间序列概念的一类问题。该模型不会增量学习。如果有一组新的数据，则整个学习过程就会重复。

我们将从概念和数学的角度讨论这些技术，而不必过多地讨论数学的细节和证明。我们将为用户提供参考文献和书籍，以便在需要时找到理论的更多详细信息。

线 性 方 法

4.1 引言

一般来说，机器学习算法分为两种类型：

1. 监督学习算法。

2. 无监督学习算法。

监督学习算法处理涉及在指导下学习的问题。换句话说，监督学习方法中的训练数据需要带标签的样本。例如，对于分类问题，我们需要带有类别标签的样本，或者对于回归问题，我们需要具有每个样本期望输出值的样本，等等。然后基础数学模型使用带标签的样本学习其参数，然后准备对模型尚未看到的样本（也称为测试样本）进行预测。机器学习中的大多数应用都涉及某种形式的监督，因此，本书这一部分的大多数章节将重点介绍不同的监督学习方法。

无监督学习处理涉及没有标签的数据问题。从某种意义上可以认为，这并不是机器学习中的真正问题，因为没有从过去的经验中学到的知识。无监督方法试图在训练数据中找到某种结构或某种形式的趋势。一些无监督算法试图了解数据本身的来源。无监督学习的一个常见的例子是聚类。

在第 2 章中，我们简要地讨论了数据和模型的线性关系。线性模型是处理线性数据或非线性数据的机器学习模型，其中非线性数据可以通过适当的转换以某种方式转化为线性数据。虽然这些线性模型相对简单，但它们阐明了机器学习理论中的基本概念，并为更复杂的模型铺平了道路。这些线性模型是本章的重点。

4.2 线性模型和广义线性模型

对严格线性的数据进行处理的模型称为线性模型，使用非线性变换将原始非线性数据映射到线性数据然后对其进行处理的模型称为广义线性模型。在监督学习的情况下，线性的概念意味着可以使用线性方程来描述输入和输出之间的关系。对于无监督学习，线性的概念意味着我们可以使用线性方程定义能够施加在给定数据上的分布。需要注意的是，线性的概念并不意味着对维度有任何限制。因此，我们可以得到严格线性的多元数据。在一维输入和输出的情况下，这种关系的方程将在二维空间中定义一条直线。对于一维输出的二维数据，该方程将描述三维空间中的二维平面，以此类推。在本章中，我们将研究线性模型的所有这些变化。

4.3 线性回归

线性回归是严格线性模型的一个经典例子。它也称为多项式拟合，是机器学习中最简单的线性方法之一。让我们考虑一个线性回归问题，其中训练数据包含 p 个样本。输入是 n 维的如（$\mathbf{x}_i$，$i=1$，$\cdots$，p）且 $\mathbf{x}_i \in \Re^n$。输出是一维的如（y_i，$i=1$，$\cdots$，p）且 $y_i \in \Re$。

4.3.1 定义问题

线性回归方法以线性方程的形式将输入 $\mathbf{x}_i$ 与预测输出 $\hat{y}_i$ 之间的关系定义为：

$$\hat{y_i} = \sum_{j=1}^{n} x_{ij}.w_j + w_0 \tag{4.1}$$

$\hat{y}_i$ 是实际输出为 y_i 时的预测输出。w_i，$i=1,\cdots,p$ 称为权重参数，w_0 称为偏差。评估这些参数是训练的目标。同样的方程也可以用矩阵形式写成

$$\hat{\mathbf{y}} = \mathbf{X}^{\mathrm{T}}.\mathbf{w} + w_0 \tag{4.2}$$

其中，$\mathbf{X} = [\mathbf{x}_i^{\mathrm{T}}]$，$i=1,\cdots,p$，$\mathbf{w} = [w_i]$，$i=1,\cdots,n$。问题是使用训练数据找到所有权重参数的值。

4.3.2 解决问题

求解权重参数最常用的方法是最小化预测值与实际值之间的均方误差。这就是所谓的最小二乘法。当误差呈高斯分布时，该方法产生的估计称为最大似然估计或 MLE。

给定训练数据，这是能够找到的最好的无偏估计。优化问题可以定义为

$$\min \| y_i - \hat{y}_i \|^2 \tag{4.3}$$

扩展预测值项，可以将求解最优权重向量 $\mathbf{w}^{lr}$ 的完全最小化问题表示为

$$\mathbf{w}^{lr} = \underset{w}{\arg\min} \left\{ \sum_{i=i}^{p} \left(y_i - \sum_{j=1}^{n} x_{ij}.w_j - w_0 \right)^2 \right\} \tag{4.4}$$

这是一个标准的二次优化问题，在文献中得到了广泛的研究。由于整个公式是使用线性方程定义的，因此只能对输入和输出之间的线性关系进行建模。图 4.1 给出了一个示例。

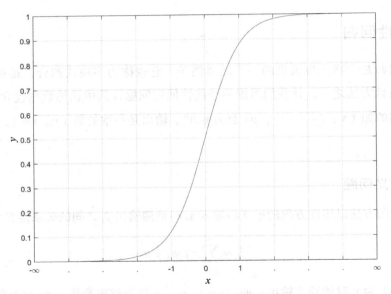

图 4.1 logistic Sigmoid 函数示意图

4.4 正则化的线性回归

虽然在一般情况下，通过求解式 4.4 得到的解给出了最佳无偏估计，但是在某些特定情况下，已知误差分布不是高斯分布，或者优化问题对数据中的噪声高度敏感，上述过程会导致所谓的过拟合。在这种情况下，将使用一种称为正则化的数学技术。

4.4.1 正则化

正则化是一种形式上的数学技巧，可通过附加约束来修改问题陈述。正则化概念

背后的主要思想是简化解决方案。正则化理论是由俄罗斯数学家 Andrey Tikhonov 提出的。在许多情况下，这些问题就是所谓的不适定问题。这意味着，如果充分利用训练数据，就会产生高度过拟合且泛化能力较弱的解决方案。正则化试图在解决方案上添加额外的约束，从而确保避免过拟合，并且使解决方案更具通用性。正则化的完整数学理论非常复杂，感兴趣的读者可以参考文献 [39]。

文献中提出了多种正则化方法，可以用多种方法进行实验。但是，我们将讨论两种最常用的方法。下面讨论的方法有时也被称为收缩方法，因为它们试图将权重参数收缩到接近于零。

4.4.2　岭回归

在岭回归方法中，在式 4.4 中定义的最小化问题约束为

$$\sum_{j=1}^{n} (w_j)^2 \leq t \tag{4.5}$$

其中 t 为约束参数。利用拉格朗日方法，$^{\ominus}$联合优化问题可表示为

$$\mathbf{w}^{Ridge} = \arg\min_{w} \left\{ \sum_{i=1}^{p} \left(y_i - \sum_{j=1}^{n} x_{ij}.w_j - w_0 \right)^2 + \lambda \sum_{j=1}^{n} (w_j)^2 \right\} \tag{4.6}$$

λ 是标准的拉格朗日乘数。

4.4.3　Lasso 回归

在 Lasso 回归方法中，在式 4.4 中定义的最小化问题约束为

$$\sum_{j=1}^{n} |w_j| \leq t \tag{4.7}$$

其中 t 为约束参数。使用拉格朗日方法，联合优化问题可以写成

$$\mathbf{w}^{Lasso} = \arg\min_{w} \left\{ \sum_{i=1}^{p} \left(y_i - \sum_{j=1}^{n} x_{ij}.w_j - w_0 \right)^2 + \lambda \sum_{j=1}^{n} |w_j| \right\} \tag{4.8}$$

$\ominus$　拉格朗日方法是一种将正则化约束集成到优化问题中，从而产生单一优化问题的常用方法。

4.5 广义线性模型

广义线性模型（Generalized Linear Model，GLM）通过扩展线性模型的范围，以处理可以通过适当的转换转为线性形式的非线性数据。线性回归的明显缺陷或局限性是假设输入和输出之间存在线性关系。在相当多的情况下，可以通过添加将数据（输入或输出）之一转换到另一个域中的额外步骤，将输入和输出之间的非线性关系转换成线性关系。执行这种转换的函数称为基函数或链接函数。例如，逻辑回归使用 logistic 函数作为基函数，将非线性转化为线性。logistic 函数是一种特殊情况，它还在 [0,1] 的范围之间映射输出，这相当于一个概率密度函数。此外，有时输入和输出之间的响应是单调的，但由于不连续性，不一定是线性的。这种情况也可以使用特殊构造的基函数将其转换为线性空间。我们（接下来）将讨论逻辑回归以说明广义线性模型的概念。

逻辑回归

逻辑回归的基础是 Logistic Sigmoid 函数 $\sigma(x)$，其定义为：

$$\sigma(x) = \frac{1}{1 + e^{-x}} \tag{4.9}$$

逻辑回归在线性回归的基础上增加了一个指数函数，以约束输出 $y_i \in [0,1]$，而不是像线性回归那样约束 $y_i \in \Re$。逻辑回归的输入与预测输出之间的关系可以表示为：

$$\hat{y_i} = \sigma\left(\sum_{j=1}^{n} x_{ij}.w_j + w_0\right) \tag{4.10}$$

由于输出限制在 [0,1] 之间，因此可以将其视为概率测度。此外，由于 logistic 函数的输出在负无穷和正无穷之间（$-\infty \sim \infty$）对称分布，因此它也更适合分类问题。除了这些差异之外，线性回归和逻辑回归之间没有根本的区别。虽然方程中存在非线性的 Sigmoid 函数，但不应将其误认为是一个非线性的回归方法。在输入和输出之间的线性映射之后应用 Sigmoid 函数，本质上这仍然是线性回归的一个变体。逻辑回归中需要解决的最小化问题是对式 4.1 中定义问题的一次简单更新。与线性回归不同，由于在回归以及分类问题中的有效性，逻辑回归是机器学习领域中最常用的默认首选方法。

4.6 *k* 最近邻算法

KNN（*k* 最近邻，*k*-Nearest Neighbor）算法并不完全是线性方法的一个例子，但它是机器学习领域中最简单的算法之一，很容易在本部分的第 1 章中进行讨论。KNN 还是可以用作分类器或回归器的通用方法。与本章前面描述的线性方法不同，该算法不假设输入和输出之间存在任何类型方程或任何类型的函数关系。

4.6.1　KNN 的定义

为了说明 k 最近邻算法的概念，考虑如图 4.2 所示的二维输入数据的情况。图中最上面的图显示了数据的分布。让输入数据和输出数据之间存在某种关系（这里没有显示）。目前我们可以忽略这种关系。假设使用 k 的值为 3。如该图中底部的图所示，让一个测试样本位于红色点所示的位置。然后，我们从训练分布中找到该测试点的 3 个最近邻居，如图所示。

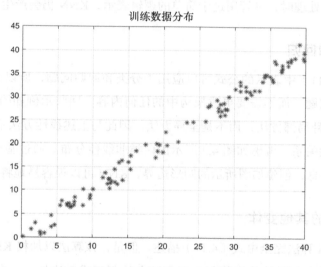

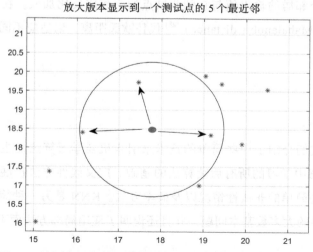

图 4.2　该图显示了输入数据的分布以及查找最近邻居的概念

现在，为了预测测试点的输出值，我们所要做的就是找到 3 个最近邻居的输出值并取其平均值。可以用公式的形式写成：

$$\hat{y} = \left(\sum_{i=1}^{k} y_i\right) / k \tag{4.11}$$

其中 y_i 是第 i 个最近邻居的输出值。可以看出，这是定义输入到输出映射的最简单方法之一。无须假设任何先验知识，也无须执行任何类型的优化。需要做的就是将所有训练数据保存在内存中，为每个测试点找到最近的邻居并预测输出。

不过，这种简单性确实要付出代价。该算法的这种延迟执行需要大量的内存占用和高计算量，以便为每个测试点找到最近的邻居。但是，当数据非常密集，并且计算需求可以由硬件处理时，尽管用过于简单的逻辑表示，KNN 仍会产生良好的结果。

4.6.2 分类和回归

由于式（4.11）中表示的公式可以应用于分类和回归问题，所以 KNN 可以应用于这两种类型的问题，而不需要更改架构中的任何内容。回归示例如图 4.2 所示。此外，由于 KNN 是一种局部方法，而不是全局方法，因此与上述线性方法不同，它可以很容易地处理非线性关系。考虑如图 4.3 所示的两类非线性分布。通过基于式（4.11）所表示的局部邻域信息，创建如图所示的圆形边界，KNN 可以很容易地将这两个类分开。

4.6.3 KNN 的其他变体

这样，KNN 算法完全由式（4.11）描述。但是，该算法以加权 KNN 的形式存在一些变体，其中每个邻居的输出值与它到测试点的距离成反比加权。在其他变体中，可以使用马氏距离（Mahalanobis distance）[28] 代替欧氏距离，以适应不同维度上数据的可调方差。

4.7 小结

在本章中，我们介绍了一些简单的技术来引入机器学习算法的主题。线性方法构成了我们将在本书中学习的所有后续算法的基础。广义线性方法扩展了线性方法的范围，以适用于一些简单的非线性情况以及概率方法。KNN 是另一种简单的技术，可用于解决机器学习中的大多数基本问题，并且还说明了使用局部方法而不是全局方法。

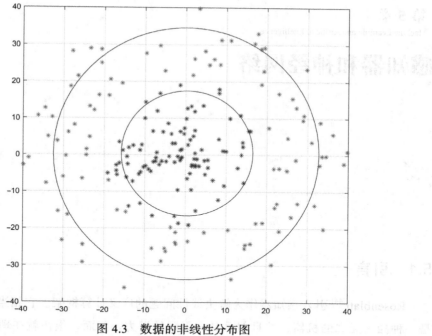

图 4.3 数据的非线性分布图

感知器和神经网络

5.1 引言

Rosenblatt[44] 引入感知器作为解决线性问题的广义计算框架。它相当有效，在当时是一种独一无二的机器，并且似乎具有无限的潜力。然而，很快就在理论中发现了一些基本缺陷，这些缺陷极大地限制了感知器的范围。但是，通过在感知器的架构中添加多层将其转换为人工神经网络并添加非线性核函数，如 Sigmoid 函数，可以及时地克服所有这些困难。在本章中，我们将研究感知器的概念及其向现代人工神经网络的演变。但是，我们将范围限制为小型神经网络，并且不会深入研究深度网络。后面将在单独的章节中进行研究。

5.2 感知器

具有线性映射的单层感知器在几何上表示一个 n 维的线性平面。在 n 维空间中，输入向量表示为 $(x_1, x_2, \cdots, x_n)$ 或 x。n 维中的系数或权重表示为 $(w_1, w_2, \cdots, w_n)$ 或 w。然后以向量形式将 n 维中的感知器方程写成：

$$x.w = y \qquad (5.1)$$

图 5.1 显示了一个 n 维感知器的例子。这个方程看起来很像我们在第 4 章中研究的线性回归方程，它在本质上是正确的，因为感知器代表了解决该问题的计算架构。

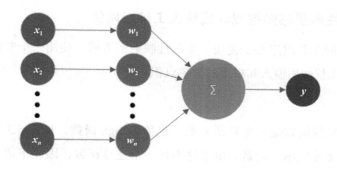

图 5.1 感知器

5.3 多层感知器或人工神经网络

多层感知器（MLP，Multilayered Perceptron）似乎是单层架构的逻辑扩展，在这种架构中，我们使用多层而不是单层。图 5.1 显示了具有 m 层的通用 MLP 的示例。设 $n1$ 为第 1 层中的节点数，与输入维数相同。后续的层有 ni 层，其中 $i = 2，\cdots，m$。除第一层外，所有层中的节点数都可以具有任意值，因为它们不依赖于输入或输出维数。另外，单层感知器和多层感知器之间的另一个明显区别是完全连通性。现在，每个内部节点都连接到后续层中的所有节点。但是，只要我们使用如上所述的线性映射，单层感知器和多层感知器在数学上是等效的。换句话说，具有多层并不能真正提高模型的性能，并且它可以通过数学严格地证明。

5.3.1 前馈操作

图 5.2 所示的网络还强调了 MLP 的另一个重要方面，称为前馈操作。从输入层输入的信息通过每一层传播到输出层。当使用网络以回归或分类的形式预测输出时，任何层的信息都不会向后反馈。这个过程非常类似于人脑的运作。

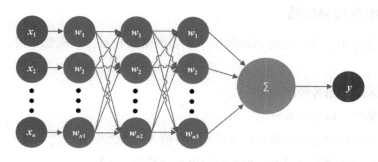

图 5.2 多层感知器

5.3.2   非线性多层感知器或非线性人工神经网络

MLP 架构的主要改进在于使用了非线性映射的方式。使用一个非线性函数,称为激活函数,来代替使用输入和权重的简单点积。

激活函数

最简单的激活函数是一个阶跃函数,也称为 sign 函数,如图 5.3 所示。该激活函数适合于二分类等应用。但是,由于这不是一个连续函数,因此不适合大多数训练算法,我们将在下一节中看到。

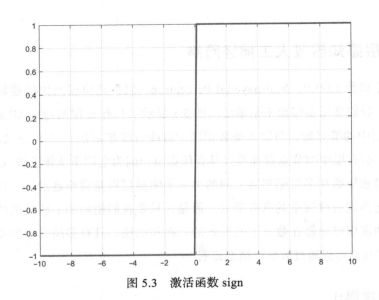

图 5.3   激活函数 sign

阶跃函数的连续形式称为 Sigmoid 函数或 logistic 函数,如上一章所述。有时使用 tanh 函数,其形状相似,但其取值范围为 [−1, 1],而不是 Sigmoid 函数中的 [0, 1]。图 5.4 显示了 tanh 函数的曲线图。

5.3.3   训练多层感知器

在训练过程中,从标记的训练数据中学习网络的权重。从概念上讲,该过程可以描述为:

1. 将输入呈现给神经网络。

2. 为网络中的所有权重分配一些默认值。

3. 通过每一层中的每个节点或神经元,将输入转换为输出。

4. 将网络生成的输出接着与预期的输出或标签进行比较。

5. 然后使用预测和标签之间的误差来更新每个节点的权重。

6. 然后，将误差向后传播到每一层，以更新每一层的权重，使误差最小化。

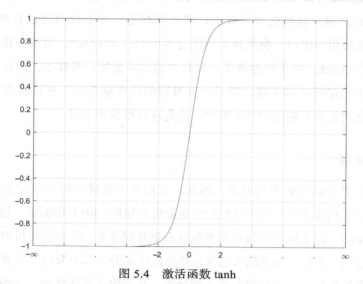

图 5.4　激活函数 tanh

Cömert[45] 总结了文献中常用的各种反向传播训练算法及其相关性能。我不打算在这里讨论这些算法的数学细节，因为该理论很快就会变得相当先进，并且会使主题变得非常难以理解。另外，我们将在本书的实现部分中看到，通过对训练框架和开放源代码库的概念理解，人们有足够的能力将这些概念应用于实际问题。

因此，用于训练的反向传播算法和用于预测的前馈操作标志着神经网络生命周期的两个阶段。基于反向传播的训练需要通过两种不同的方法来完成。

1. 在线或随机方法。

2. 批处理方法。

5.3.3.1　在线或随机方法

该方法将单个样本作为输入发送到网络，并基于输出误差对权重进行更新。最常用的更新权重的优化方法称为随机梯度下降方法或 SGD（Stochastic Gradient Descent）方法。这里使用随机意味着样本是从整个数据集中随机抽取的，而不是顺序使用它们。甚至在使用所有样本之前，该过程就能够收敛到所需的精度水平。重要的是要理解，在随机学习过程中，每次迭代都使用单个样本，并且学习路径更加嘈杂。在某些情况下，不是使用单个样本，而是使用小批量样本。当预期的学习路径可以包含多个局部最小值时，SGD 是有益的。

5.3.3.2　批处理学习

在批处理方法中，将总数据集划分成若干批。在计算误差和更新权重之前，将整批样本发送到网络。整批处理完成后，将更新权重。每个批处理过程称为一次迭代。当所有样本都使用一次时，将其视为训练过程中的一个 epoch。通常在算法完全收敛之前会使用多个 epoch。由于批处理学习在每次迭代中使用一批样本，因此它降低了总体噪声，并且学习路径更加清晰。但是，该过程的计算量更大，并且需要更多的内存和计算资源。当期望学习路径相对平滑时，优先选择批处理学习。

5.3.4　隐藏层

隐藏层的概念需要更多的解释。因此，它们并不直接与输入和输出连接，并且也没有关于在给定的应用中有多少这样的层是最优的理论。MLP 中的每一层都将输入转换为新的维度空间。隐藏层可以具有比实际输入更高的维数，因此它们可以将输入转换为更高维度的空间。有时，如果输入在其原始空间中的分布具有某些非线性，并且是病态的，那么较高维的空间可以帮助改善这种分布，从而提高整体性能。这些转换还取决于所使用的激活函数。隐藏层的维数增加也使训练过程变得更加复杂，人们需要在增加的复杂性和性能改进之间进行谨慎的权衡。另外，在没有理论指导的情况下，应该使用多少这样的隐藏层是另一个变量。这两个参数都称为超参数，需要使用它们的可能值网格进行开放性的探索，然后在训练资源的约束下选择能够给出最佳可能结果的组合。

5.4　径向基函数网络

径向基函数网络 RBFN（Radial Basis Function Network）或径向基函数神经网络 RBFNN（Radial Basis Function Neural Network）是前馈神经网络的一种变体（为避免混淆，我们将其称为 RBF 网络）。如图 5.5 所示，虽然它们的架构看起来类似于上述的 MLP，但在功能上它们更接近于具有径向核函数的支持向量机。RBF 网络由三层构成：输入层、单个隐藏层和输出层。输入层和输出层为线性加权函数，隐藏层具有径向基激活函数，而不是传统 MLP 中使用的 Sigmoid 型激活函数。基函数定义为：

$$f_{RBF}(x) = e^{-\beta \|x - \mu\|^2} \tag{5.2}$$

上面的方程是为标量输入定义的，但不失一般性，可以将其扩展为多元输入。μ 称为中心，β 表示径向基函数的扩展或方差。它位于输入空间中。图 5.6 显示了基函数的示意图。该图类似于高斯分布。

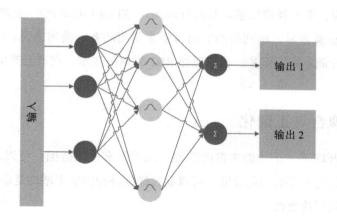

图 5.5　径向基函数神经网络的架构

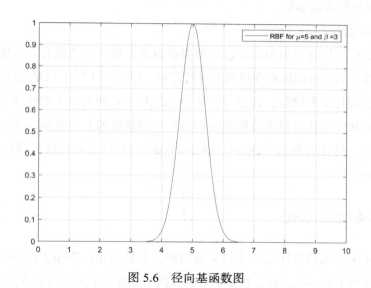

图 5.6　径向基函数图

RBF 网络的解释

除了数学定义之外，RBF 网络还具有常规 MLP 所没有的非常有趣的解释性。考虑到输出的期望值形成了 n 个类簇，用于输入空间中的相应类簇。隐藏层中的每个节点都可以认为是从输入类簇到输出类簇的每个转换的代表。从图 5.6 可以看出，随着输入和径向基函数中心 μ 之间的距离相对于扩展 β 增大，径向基函数的值很快减小到 0。因此，RBF 网络作为一个整体，通过每个隐藏的 RBF 节点生成的输出的线性组合，将输入空间映射到输出空间。重要的是要仔细选择这些聚类中心，以确保输入空间被均匀地映射，并且没有间隙。训练算法能够找到最佳中心，但是要使用的类簇数是一个超参数（换句话说，需要通过探索对其进行调整）。如果向 RBF 网络提供的输入与训练中使用的输入有显著差异，则网络的输出可能会相当随意。换句话说，RBF 网络在外推情况下的泛化性能不好。但是，如果遵循 RBF 网络的要求，它就会产生准确的预测。

5.5　过度拟合与正则化

神经网络开辟了一个功能丰富的框架，几乎没有作用范围，可以通过增加网络的复杂性来提高给定训练数据的性能。可以通过操纵各种因素来增加复杂性，例如

1. 增加隐藏层的数目。
2. 增加隐藏层中的节点。
3. 使用复杂的激活函数。
4. 增加训练时间（epoch）。

随着复杂性的任意增加和训练性能的提高通常会导致过度拟合。过度拟合是一种现象，我们尝试如此精确地对训练数据进行建模，以至于本质上只是记住了训练数据，而不是识别它的特征和结构。这样的记忆会导致看不见的数据上的性能显著下降。但是，确定在何处停止优化以保持模型足够通用的最佳阈值并非易事。文献中提出了多种方法，例如，最佳脑损伤（Optimal Brain Damage）[47] 或最佳脑外科医生（Optimal Brain Surgeon）[46]。

5.5.1　L1 和 L2 正则化

正则化方法使用拉格朗日乘子解决该问题，在最小化预测误差的基础上，我们在优化问题中添加了另一项，通过拉格朗日加权因子 λ 限制了网络的复杂性。公式（5.3）和式（5.4）显示了更新的代价函数 $C(x)$ 使用 L1 和 L2 类型的正则化以减少过度拟合。

$$C(x) = L(x) + \lambda \sum \|W\| \tag{5.3}$$

$$C(x) = L(x) + \lambda \sum \|W\|^2 \tag{5.4}$$

$L(x)$ 是依赖于预测误差的损失函数，而 W 表示神经网络中权重的向量。L1 范数试图最小化权重的绝对值之和，而 L2 范数试图最小化权重的平方值总和。每种类型都有其优缺点。L1 正则化需要较少的计算量，但对强异常值不太敏感，并且容易使所有权重为零。L2 正则化总体上是一个更好的度量，并且权重衰减缓慢趋近于零，但计算量更大。

5.5.2 丢弃正则化

这是一种有趣的方法，并且仅适用于神经网络，而 L1 和 L2 正则化可以应用于任何算法。在丢弃正则化中，将神经网络看作一个神经元序列的集合，不是使用完全填充的神经网络，而是将一些神经元随机地从路径上丢弃。考虑每个丢弃对整体准确性的影响，并在进行一些迭代之后，在最终模型中选择了最优的神经元集合。由于这种技术实际上使模型更简单，而不是像 L1 和 L2 正则化技术那样增加了更多的复杂性，所以该方法非常流行，特别是在更复杂和深度神经网络的情况下，这些内容我们将在后面的章节中进行研究。

5.6 小结

在本章中，我们研究了基于简单神经网络的机器学习模型，并研究了单感知器的概念及其向成熟神经网络的演化。还研究了使用径向基函数核的神经网络的变体。最后研究了过度拟合的影响以及如何使用正则化技术降低过度拟合的影响。

第 6 章 |

Machine Learning and Artificial Intelligence

决 策 树

6.1 引言

　　决策树在概念上和数学上代表了一种不同的机器学习方法。其他方法处理的数据是严格的数值，并且可以单调地增加或减少。定义这些方法的方程不能处理非数值数据，例如类别或字符串类型的数据。然而，决策树理论并不依赖于数值数据。其他方法是通过编写有关数据属性的方程开始，而决策树则是从绘制树形结构开始，以便在每个节点处都有要做出的决策。本质上，决策树是一种启发式结构，可以通过按一定顺序进行一系列选择或比较来构建。

　　让我们以地球上不同物种的分类为例。我们可以从问这样的问题开始："它们会飞吗？"根据答案，我们可以把整个物种分为两部分：会飞的和不会飞的。然后我们进入不能飞的物种的分支。我们问另一个问题："它们有多少条腿？"基于这个答案，我们创建了多个分支，其中的答案包含 2 条腿、4 条腿、6 条腿等。类似地，我们可以对飞行中的物种提出相同的问题，或者提出不同的问题，然后继续拆分物种，直到我们到达叶节点，这样那里只有一个单一的物种。这种方法从本质上总结了构建决策树的概念过程。

　　虽然上述过程描述了决策树底层的高级操作，但是在一般情况下，决策树的实际构建过程要复杂得多。复杂的原因在于回答以下问题："如何选择要问的问题以及问题的顺序？"人们可能总是开始提出随机的问题，最终仍然会收敛于完整的解决方案，但是当数据量大且高维时，这种随机或暴力的方法永远都不实用。这个概念的实现有多种变体，广泛用于机器学习应用中。

6.2 为什么使用决策树

在深入讨论决策树理论的细节之前,让我们了解一下决策树为何如此重要。以下是使用决策树算法的一些优点:

1. 更类人的行为。

2. 可以直接处理非数值数据,例如,类别数据。

3. 可以直接处理丢失的数据。因此,可以跳过数据清洗步骤。

4. 与使用其他算法(如神经网络或支持向量机等)训练的模型的抽象性相比,训练后的决策树具有较高的可解释性。

5. 决策树算法可以很容易地从线性数据扩展到非线性数据,而不需要改变核心逻辑。

6. 决策树可以作为非参数模型使用,因此无须进行超参数调整。

决策树的类型

根据不同的应用(分类或回归),决策树的构建方式存在一些差异,因此它们称为分类决策树和回归决策树。但是,我们将在本书的下一部分中讨论基于应用的机器学习技术,在本章中,我们将重点介绍决策树的基本概念,它们在两种决策树之间是相同的。

6.3 构建决策树的算法

用于构建决策树的最常用的算法有:

- CART 或分类回归树
- ID3 或迭代二分法
- CHAID 或卡方自动交叉检验

CART 或分类回归树是一个通用术语,用于描述 Breiman-Friedman[39] 所描述的构建决策树的过程。ID3 是 CART 方法的一种变体,优化方法的使用略有不同。CHAID 使用的过程明显不同,我们将单独对其进行研究。

分类树的发展略有不同,但遵循与回归树相似的论点。让我们考虑一个由轴(x_1,x_2)定义的二维空间。使用图 6.1 中定义的一组规则,将空间划分为如图所示的 5 个区域(R_1,R_2,R_3,R_4,R_5)。

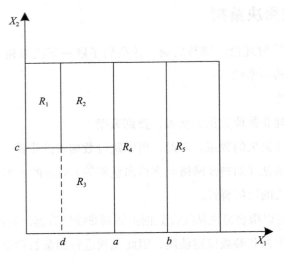

图 6.1   由决策树创建的矩形区域

6.4   回归树

回归树是设计用于预测给定坐标下函数值的树。让我们考虑一组 N 维输入数据 $\{x_i,$ $i = 1, \cdots, p$ 并且 $x_i \subset \Re^n\}$。相应的输出为 $\{y_i, i = 1, \cdots, p$ 并且 $y_i \subset \Re\}$。在回归树的情况下，要求输入和输出数据是数值数据，而不是类别数据。一旦给出了这些训练数据，算法的工作就是构建规则集。应该使用多少规则、使用什么维度、何时终止树都是算法需要根据期望的误差率进行优化的参数。

基于图 6.1 和 6.2 中所示的例子，假设类为区域 R_1 至 R_5，并且输入数据为二维。在这种情况下，决策树的期望响应定义为：

$$t(x) = r_k \forall x_i \in R_k \tag{6.1}$$

其中，$r_k \in \Re$ 是区域 R_k 中输出的一个常量值。如果我们将优化问题定义为最小化均方误差，即

$$\sum_{i=1}^{i=p}(y_i - t(x_i)^2) \tag{6.2}$$

那么简单的计算将表明 r_k 的估计值由下式给出：

$$r_k = \text{ave}(y_i | x_i \in R_k) \tag{6.3}$$

求解全局最优区域以最小化均方误差的问题是一个 NP 难问题，并且一般不能在有限时间内解决。因此，采用了导致局部最小值的贪心方法。这种贪心方法通常会导致

过度拟合数据的大树。让我们用 T_0 表示这样的大树。然后，该算法必须应用剪枝技术来减少树的大小，以找到最佳权衡，即在不过度拟合数据的情况下捕获数据中大部分结构。这是通过使用文献 [39] 中描述的平方误差节点杂质度量优化来实现的。

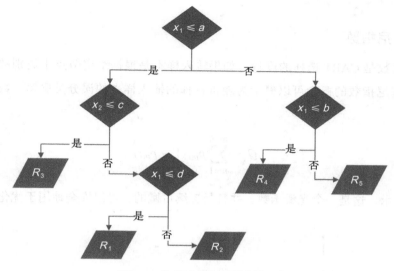

图 6.2　定义决策树的分层规则

6.5　分类树

在分类的情况下，输出不是一个连续的数值，而是一个离散的类别标签。大树的发展遵循 6.4 节中描述的步骤，但剪枝方法需要更新，因为平方误差方法不适合分类。文献中流行三种不同类型的度量方法：

- 误分类误差
- 基尼指数
- 交叉熵或偏差

假设有 " k " 个类和 " n " 个节点。将在每个节点（i）处类别（m）预测的频率表示为 f_{mi}。在节点 i 处预测为 m 类别的比例表示为 p_{mi}。设节点 m 处的多数类别为 c_m。因此，类别 c_m 在节点 m 处的比例为 $p_m c_m$。

6.6　决策指标

让我们定义用于在每个节点处做决策的指标。指标定义的差异将区分不同的决策树算法。

6.6.1 误分类误差

基于上述定义的变量，误分类率定义为 $1 - p_m c_m$。从图 6.3 中可以看出，误分类率不是一个连续的函数，因此不能微分。但是，这是最直观的公式之一，因此相当受欢迎。

6.6.2 基尼指数

基尼指数是 CART 选择的度量。如果输入样本是根据给定节点中类别的分布进行标记的，基尼指数的概念可以概括为随机选择的输入样本的误分类概率。数学上它被定义为：

$$G = \sum_{m=1}^{m=k} p_{mi}(1 - p_{mi}) \tag{6.4}$$

如图 6.3 所示，这是一个光滑函数，并且是连续可微的，可以安全地用于优化。

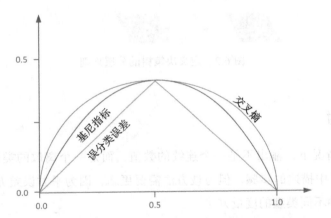

图 6.3　2 类问题的决策指标示意图。x 轴表示类别 1 中的比例。

不失一般性，曲线按合适比例缩放以进行拟合

6.6.3 交叉熵或偏差

交叉熵是一种信息论指标，定义为：

$$\mathcal{E} = -\sum_{m=1}^{m=k} p_{mi} \log(p_{mi}) \tag{6.5}$$

该定义类似于单个随机变量的经典熵。但是，由于此处的随机变量已经是类别预测和树节点的组合，因此称为交叉熵。ID3 模型使用交叉熵作为选择的指标。如图 6.3 所示，这是一个光滑函数，并且是连续可微的，可以安全地用于优化。

6.7　卡方自动交叉检验

卡方自动交叉检验（CHi-square Automatic Interaction Detector，CHAID）是一种决策树技术，起源于拟合优度的统计卡方检验。它最初由 G. V. Kass 于 1980 年发表，但该技术的某些部分已在 20 世纪 50 年代开始使用。该检验使用卡方分布来比较样本和总体，并以期望的统计显著性预测该样本是否属于总体。CHAID 技术使用该理论来构建决策树。由于在构建决策树中使用了卡方技术，因此与目前讨论的任何其他类型的决策树相比，该方法都有很大的不同。下面将简要讨论该算法的细节。

卡方自动交叉检验算法

构建 CHAID 树的第一个任务是找到最相关的变量。这在某种程度上与树的最终应用直接相关。如果能够识别单个期望的变量，则该算法的效果最好。一旦识别出这样的变量，就将其称为根节点。然后，算法尝试将该节点拆分为两个或更多节点，称为初始节点或父节点。所有后续节点都称为子节点，直到我们到达不再进一步拆分的最终节点集为止。这些节点称为终端节点。每个节点处的拆分完全基于统计依赖，在分类数据的情况下由卡方分布确定，在连续数据的情况下由 F 检验确定。由于每次拆分都基于变量的依赖性，不像 CART 或基于 ID3 的树的情况下基尼杂质或交叉熵这种更复杂的表达，使用 CHAID 开发的树结构在大多数情况下更具解释性和可读性。

6.8　训练决策树

我们不会深入讨论使用 CART 或 ID3 构建决策树的完整数学细节，但是以下步骤将详细和清晰地解释该方法：

1. 从训练数据开始。
2. 选择度量指标（基尼指数或交叉熵）。
3. 选择根节点，以便将具有最优度量值的数据拆分为两个分支。
4. 应用根节点的决策规则将数据分为两部分。
5. 对每个分支重复步骤 3 和 4。
6. 使用预定义的停止规则继续拆分过程，直到所有分支到达叶节点。

6.9　集成决策树

在前面的小节中，我们学习了基于不同技术开发单棵决策树的方法。在许多情况下，这样的树运行得很好，但是如果我们创建多棵这样的树并对其进行聚合，则有多种方法可以从类似的架构中提取更多的性能。这些技术称为集成方法，它们通常以计算和算法复杂性为代价提供优越的性能。在集成方法中，单棵决策树被称为单个学习器或弱学习器，集成方法处理一组这样的学习器。

文献中提出了多种方法，可以成功地组合多个弱学习器，创建一个强大的整体模型⊖。在学习器集成中，每个弱学习器都能捕获用于训练它的数据所包含信息的某些方面。集成树的工作是将弱学习器进行最优组合，以获得更好的总体指标。集成方法的主要优点是减少过度拟合。

主要有三种类型的集成方法：

1. Bagging。

2. 随机森林。

3. Boosting。

6.10　Bagging 集成树

术语 Bagging 起源于 Bootstrap 聚合。巧合的是，Bagging 的字面意思是指将多棵决策树放入一个袋子里，这与 Bagging 技术的工作方式相差不远。Bagging 技术可以使用以下步骤进行描述：

1. 将总训练数据分成预定数量的集合，并随机有放回抽样。有放回意味着相同的样本可以出现在多个集合中。每个样本都称为 Bootstrap 样本。

2. 使用每个数据集，采用 CART 或 ID3 方法训练决策树。

3. 每棵学习得到的树都被称为弱学习器。

4. 对于回归情况，通过对单个学习器的输出进行平均来聚合所有的弱学习器；对于分类情况，通过投票来聚合所有单个弱学习器。聚合步骤包括优化，以使预测误差最小化。

5. 弱学习器的总体或整体的输出被认为是最终输出。

上述步骤看起来非常简单，并且实际上不涉及任何复杂的数学或微积分。但是，

⊖ 在这种语境下，弱和强这两个词有不同的含义。弱学习器是一种仅使用总数据的一小部分进行训练的决策树，不能给出接近期望指标的指标。弱学习器的理论定义是其性能仅略好于纯随机机会的学习器。强学习器是使用所有数据的单棵决策树，并且能够产生相当好的指标。在集成方法中，单棵树总是一个弱学习器，因为它没有暴露于完整的数据集中。

这种方法是相当有效的。如果数据有一些异常值⊖，那么单棵决策树受其影响的程度可能会大于整体。这是 Bagging 方法的固有优势之一。

6.11　随机森林

上面描述的 Bagging 过程提高了决策树对异常值的适应能力。随机森林方法向前迈进了一步，使整体在不同特征重要性的情况下更具弹性。即使使用了精心设计的特征空间，也不是所有的特征都会对结果产生同样的影响。此外，某些特征可能具有一些相互依赖关系，从而可能会以适得其反的方式影响它们对结果的影响。与前面讨论的方法相比，随机森林树架构通过划分特征空间以及各个弱学习器的数据，在这种情况下提高了模型性能。因此，每个弱学习器只能看到样本和特征的一小部分。这些特征也是有放回[48] 进行随机抽样，因为在 Bagging 方法中数据是有放回抽样的。该过程也称为随机子空间方法，因为每个弱学习器都在一个特征子空间中工作。在实践中，这种抽样改善了单棵树之间的多样性，总体上使得该模型更加健壮，对噪声数据更有弹性。Tin Ho 提出的原始算法后来被 Breiman[49] 进行了扩展，将文献中现有的多种方法合并为现在通常所知的随机森林方法。

决策丛林

最近，以决策丛林[62] 的形式提出了对随机森林方法的一种改进。随机森林的缺点之一是它们可以随数据大小呈指数增长，并且如果计算平台受到内存的限制，则需要限制树的深度。这可能会导致性能欠佳。决策丛林通过使用有向无环图（Directed Acyclic Graph，DAG）代替开放树来表示随机森林方法中的每个弱学习器对此进行改进。DAG 具有融合某些节点的能力，从而可以创建从根节点到叶节点的多条路径。因此，决策丛林可以以一种非常紧凑的方式表示与随机森林相同的逻辑。

6.12　Boosted 集成树

Boosted 和 Bagging（或随机森林）之间的根本区别是树的顺序训练与并行训练。

⊖ 异常值代表了机器学习理论中的一个重要概念。虽然它的意义是显而易见的，但它对学习的影响却并非微不足道。异常值是训练数据中的一个样本，它不代表数据中的一般趋势。此外，从数学角度来看，异常值与数据中其他样本的距离通常很大。如此大的距离会使机器学习模型产生明显偏离期望的行为。换言之，一小部分异常值可能会对机器学习模型的学习产生不利影响，并且会显著降低指标。因此，机器学习模型的一个重要特性是能适应合理数量的异常值。

在 Bagging 或随机森林方法中，所有的单个弱学习器都是使用随机抽样和随机子空间生成的。由于所有单个弱学习器是相互独立的，所以它们都可以并行训练。只有在它们被完全训练之后，结果才会聚合。Boosting 技术采用了一种非常不同的方法，其中第一棵树是根据一个随机数据样本进行训练的。但是，第二棵树使用的数据取决于第一棵树的训练结果。第二棵树用于关注第一棵决策树表现不佳的特定样本。因此，第二棵树的训练依赖于第一棵树的训练，它们不能并行训练。训练以这种方式继续进行到第三棵树和第四棵树等。由于并行计算的不可用性，Boosted 树的训练明显慢于使用 Bagging 和随机森林的训练树。一旦对所有树进行了训练，就可以将所有单棵树的输出与必要的权重进行结合，以生成最终输出。尽管 Boosted 树表现出计算上的缺点，但由于它们在大多数情况下具有优越的性能，所以它们通常比其他技术更受青睐。

6.12.1　AdaBoost

AdaBoost 是 Freund 和 Schapire[51] 提出的最早的 Boosting 算法之一。该算法主要是针对二元分类的情况开发的，在以系统迭代方式提高决策树的性能方面非常有效。该算法后来扩展为支持多元分类以及回归。

6.12.2　梯度提升

Breiman 提出了一种称为 ARCing（Adaptive Reweighting and Combining）[50] 的算法。该算法标志着进一步使用统计框架提高 Boosting 类型方法的能力。梯度提升是使用 Breiman 和 Friedman[39] 开发的统计框架对 AdaBoost 算法的推广。在梯度提升树中，Boosting 问题被描述为数值优化问题，其目标是通过使用梯度下降算法依次添加弱学习器，以最小化误差。梯度下降是一种贪心方法，梯度提升算法容易对训练数据进行过度拟合。因此，正则化技术总是与梯度提升一起使用，以限制过度拟合。

6.13　小结

在本章中，我们研究了决策树这一概念。这些方法在许多实践应用中都极为重要且有用。它们直接受到与人类处理现实生活问题的行为非常类似的分层决策过程的激发，因此比其他方法更直观。此外，使用决策树获得的结果更容易解释，这些见解可以用于确定知道结果后要采取的行动。我们还研究了集成方法，这些方法使用多棵决策树的聚合来优化总体性能，并使模型更加健壮和通用。

支持向量机

7.1 引言

支持向量机或 SVM（Support Vector Machine）理论通常是由 Vladimir Vapnik 提出的。20 世纪 60 年代初期，他从事使用统计方法进行最优模式识别领域的工作。他与 Lerner[52] 在广义肖像算法上的论文标志着支持向量机的开始。该方法主要设计用于解决二元分类问题，通过使用最优超平面的构造，将两个类别以最大的间隔分开。

7.2 动机和范围

原始的 SVM 算法是为二元分类开发的。图中显示了线性应用情况下 SVM 的概念。SVM 算法试图使用最少的数据点（也称为支持向量）以最大的间隔将两个类别分开，如图 7.1 和图 7.2 所示。图 7.1 显示了线性可分离类别的情况，其结果很简单。实线表示将两个类别最优分离的超平面。虚线表示由支持向量定义的类别边界。类分离超平面试图最大化类别边界之间的距离。但是，从图 7.2 可以看出，在类别不能完全线性可分的情况下，该算法仍然可以找到最优支持向量。一旦确定支持向量，分类就不需要其余样本来预测类别。该算法的优点在于，与总训练样本数量相比，支持向量的数量急剧减少。

7.2.1 扩展到多元分类

根据支持向量机的概念设置，它不能直接扩展用于解决多元分类问题。但是，很少有常用于扩展这种情况的框架的方法。一种方法是使用支持向量机作为二元分类器来分离每对类别，然后应用一些启发式方法来预测每个样本的类别。这是非常耗时的方法，并且不是首选的方法。例如，在三元分类问题的情况下，必须训练 SVM 以分离类别 1-2、1-3 和 2-3，从而训练 3 个独立的 SVM。随着类别的增加，复杂度将以多项式的速率增加。在另一种方法中，二元 SVM 用于将每个类别与其余类别分开。使用这种方法，对于三元分类问题，仍然必须训练 3 个 SVM 1-(2,3)、2-(1,3) 和 3-(1,2)。然而，随着类别数量的进一步增加，复杂度呈线性增加。

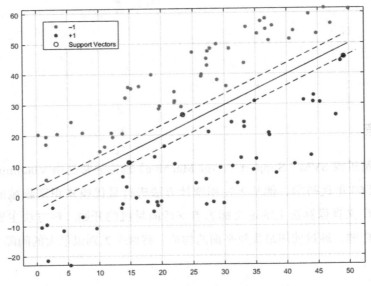

图 7.1   应用于可分离数据的线性二元 SVM

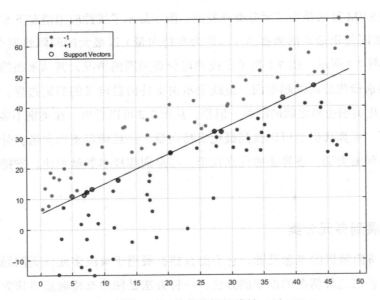

图 7.2   应用于不可分离数据的线性二元 SVM

7.2.2 非线性情况的扩展

非线性分离的情况可以通过使用合适的核函数来解决。原始数据可以使用合适的核函数转换为任意高维向量。转换后，线性 SVM 的方程是适用的，从而得到最优分类。

7.3 支持向量机理论

为了了解如何训练支持向量机，重要的是理解支持向量机算法背后的理论。这会变得高度数学化和复杂化，但是我将尽量避免推导的烦琐细节。鼓励读者阅读文献 [37] 以获得详细的理论概述。我将阐述推导所基于的假设，然后转到最终的方程，这些方程可以用于训练支持向量机，而不会失去支持向量机的本质。

让我们考虑一个具有 n 维训练数据集的二元分类问题，该数据集由 p 对（$\mathbf{x}_i, y_i$）组成，使得 $\mathbf{x}_i \in \Re^n$，$y_i \in \{-1, +1\}$。设以最大间隔将两个类别分开的超平面方程为

$$(\mathbf{w} \cdot \mathbf{x}) - w_0 = 0 \tag{7.1}$$

这里，$\mathbf{w} \in \Re^n$，与 $\mathbf{x}$ 相同。对于属于每个类别的样本，我们可以写成

$$(\mathbf{w} \cdot \mathbf{x}_i) - w_0 \begin{cases} > 1, & \text{if } y_i = 1 \\ \leq 1, & \text{if } y_i = -1 \end{cases} \tag{7.2}$$

这两个方程可以合并成一个方程

$$y_i[(\mathbf{w} \cdot \mathbf{x}) - w_0] \geq 1, \ i = 1, \cdots, p \tag{7.3}$$

通过求解上述方程，可以得到权重向量的多个解。为了获得也使权重向量最小化的解，我们施加了一个使 $\Phi(\mathbf{w})$ 最小化的约束。$\Phi(\mathbf{w})$ 为

$$\Phi(\mathbf{w}) = \|\mathbf{w}'\|^2 \tag{7.4}$$

其中，$\mathbf{w}'$ 是一个（$n+1$）维的向量，是 $\mathbf{w}$ 和 w_0 的组合。

因此，我们已经到了可以定义需要解决的优化问题的地步。为了获得超平面的精确方程，我们需要在式（7.3）中定义的约束条件下最小化函数 $\Phi(\mathbf{w}')$。通常，这样的问题是使用拉格朗日方法解决的，它将需要最小化的函数和约束组合为一个单一的需要最小化的拉格朗日函数，

$$\min_{\mathbf{w}} \left\{ \left(\frac{1}{n} \sum_{i=1}^{n} 1 - y_i[(\mathbf{w} \cdot \mathbf{x}) - w_0] \right) + \lambda \Phi(\mathbf{w}) \right\} \tag{7.5}$$

通过一些操作，式（7.5）中的拉格朗日函数简化为一个子集，该子集仅包含极少

数称为支持向量的训练样本。从图 7.1 可以看出，这些支持向量是表示每个类别边界的向量。在使用著名的 Kühn-Tucker 条件进行了更多数学处理之后，得到了凸二次优化问题，该问题的求解相对简单。然后，可以根据拉格朗日乘子 $\alpha_i \geqslant 0$ 给出计算最优权重向量 $\hat{\mathbf{w}}$ 的方程

$$\hat{\mathbf{w}} = \sum_{\text{仅支持向量}} y_i \alpha_i \mathbf{x}_i \tag{7.6}$$

一旦这些参数作为训练过程的一部分被计算出来，分类函数就可以表示为（对于给定的样本 $\mathbf{x}$），

$$f_c(x) = \text{sign}\left(\sum_{\text{仅支持向量}} y_i \alpha_i (\mathbf{x}_i \cdot \mathbf{x}) - \alpha_0 \right) \tag{7.7}$$

7.4　可分离性和间隔

上面描述的支持向量机算法是为了分离那些实际上完全可分离的类别而设计的。换句话说，当构造两个类别之间的分离超平面时，一个类别的整体位于超平面的一侧，而另一个类别的整体位于超平面的相对侧，分离精度为 100%。式（7.2）中定义的间隔称为硬间隔，它在类别之间施加了完全的可分离性。但是，实际上很少发现这种情况。为了说明不能完全分离的情况，引入了软间隔。为了理解软间隔，让我们以稍微不同的方式将式（7.3）写为

$$0 \geqslant 1 - y_i[(\mathbf{w}.\mathbf{x}) - w_0], i = 1, \cdots, p \tag{7.8}$$

7.4.1　正则化和软间隔 SVM

对于所有样本不可分离的情况，上述不等式将无法满足。为了适应这种情况，使用正则化技术重新表述了优化问题。要最小化的新拉格朗日公式为

$$\min_{\mathbf{w}} \left\{ \left(\frac{1}{n} \sum_{i=1}^{n} \max(0, 1 - y_i[(\mathbf{w} \cdot \mathbf{x}) - w_0]) \right) + \lambda \Phi(\mathbf{w}) \right\} \tag{7.9}$$

在这里，使用 max 函数，我们基本上忽略了分类中存在错误的情况。

7.4.2　松弛变量的使用

适应不可分离数据情况的另一种方法是使用表示为 ξ_i 的松弛变量。通过使用松弛

变量，代价函数更新为

$$\Phi(\mathbf{w}) = \|\mathbf{w}\|^2 + C \sum_{i=1}^{m} \xi_i \qquad (7.10)$$

其中 $\xi_i \geq 0$，$i = 1, \cdots, m$。现在，优化操作还需要找到所有松弛变量的值。这种方法也称为 C-SVM。

7.5 非线性与核函数的使用

核函数的使用是机器学习领域的突破性发现之一。借助这种方法，可以将非线性问题巧妙地转换为线性问题。这些核函数与我们在第 4 章中讨论的链接函数不同。为了理解支持向量机中核函数的使用，让我们看看式（7.7），尤其是项（x.x）。这里，我们取输入向量与其自身的点积，因此生成一个实数。核函数⊖的使用表明，我们可以用一个接受两个参数（在这种情况下，两个参数都是输入向量）并输出一个实数值的函数代替点积运算。数学上，该核函数写为

$$k : (\chi \cdot \chi) \rightarrow \Re \qquad (7.11)$$

虽然这种表示允许使用任意的核函数来转换原始数据，但是为了在所有情况下都具有确定性的答案，核函数必须是正定函数。正定函数需要满足 Mercer 定理定义的性质。Mercer 定理指出，对于点 $x_1, x_2, \cdots, x_n$ 的所有有限序列和所有实数 $c_1, c_2, \cdots, c_n$，核函数应该满足，

$$\sum_{i=1}^{n} \sum_{j=1}^{n} k(x_i, x_j) c_i c_j \geq 0 \qquad (7.12)$$

通过选择合适的正定核函数，可以以确定性的线性方式将 n 维输入映射到实值输出。如果我们知道数据中的某些非线性趋势，就可以构建一个自定义的核函数来转换适合于用线性支持向量机解决的问题。一些常用的核函数是：

7.5.1 径向基函数

方差为 σ 的径向基函数核为

$$k(x_i, x_j) = \exp\left(-\frac{\|x_i - x_j\|^2}{2\sigma^2}\right) \qquad (7.13)$$

⊖ 有时，这也称为核技巧，尽管这远远不止是一个简单的技巧。一个函数需要满足某些性质才能称为核函数。有关核函数的更多详细信息，请参阅文献 [37]。

支持向量机的这种表示与我们在第 5 章中学习的径向基函数神经网络非常相似。在某些情况下，使用两个输入之间的平方距离会导致极低的值。在这种情况下，使用上述函数的一种变体，称为拉普拉斯径向基函数。定义为

$$k(x_i, x_j) = \exp\left(-\frac{\|x_i - x_j\|}{\sigma}\right) \qquad (7.14)$$

7.5.2 多项式函数

对于 d 次多项式，核函数为

$$k(x_i, x_j) = (x_i \cdot x_j + 1)^d \qquad (7.15)$$

7.5.3 Sigmoid

还可以使用类似于传统神经网络的 Sigmoid 核。定义为

$$k(x_i, x_j) = \tanh(A x_i' x_j + B) \qquad (7.16)$$

7.6 风险最小化

基于风险最小化的方法，有时也称为结构风险最小化[64]，本质上旨在学习在正则化和问题定义本身对参数施加约束来优化给定系统。支持向量机以优雅的方式解决了风险最小化的问题。这些方法以编程方式在性能优化和减少过度拟合之间取得了平衡。Vapnik 进一步扩展了结构风险最小化理论，用于使用临近风险最小化[63]生成模型的情况。这些方法可以应用于不适合传统支持向量机架构的情况，例如缺失数据或未标记数据的问题。

7.7 小结

在本章中，我们研究了机器学习理论的一个重要支柱，支持向量机。支持向量机代表了一种数学上优雅的架构，用于构建最优的分类或回归模型。训练过程有点复杂，需要调整一些超参数，但是一旦适当调整，支持向量机模型就会提供很高的准确性和泛化能力。

概率模型

8.1 引言

　　到目前为止，研究的大多数算法都是基于代数、图形和 / 或基于微积分的方法。在这一章中，我们将重点介绍概率方法。概率方法试图将某种形式的不确定性分配给未知变量，将某种形式的置信概率分配给已知变量，并尝试使用广泛的概率模型库查找未知值。概率模型主要分为两种类型：

- 生成式
- 判别式

　　与判别模型相比，生成模型采用了更全面的方法来理解数据。通常，这两种类型之间的差异是根据它们处理的概率给出的。如果我们有一个可观察的输入 X 和可观察的输出 Y，那么生成模型试图对联合概率 $P(X; Y)$ 进行建模，而判别模型则试图对条件概率 $P(Y|X)$ 进行建模。到目前为止讨论的大多数非概率方法也属于判别模型的范畴。尽管这两种方法之间的分离定义有时会非常模糊和令人困惑。因此，我们将尝试更直观地定义两者。在进入定义之前，我们需要添加一些概念。假设与输入和输出一起存在一个称为状态 S 的隐藏实体。输入实际上会对系统的状态做出一些更改，并且这些更改将随着输入一起决定输出。现在，让我们将判别模型定义为仅基于输入的变化来预测输出变化的模型。生成模型是试图根据输入的变化以及状态的变化对输出的变化进行建模的模型。这种对状态的包含和建模可以更深入的了解系统方面，生成模型通常更难构建，需要更多的信息和假设作为开始。然而，这种增加的复杂性具有一些固有的优势，正如我们将在本章的后续部分中看到的那样。

　　概率方法（判别式和生成式）也根据两所大学的思想群体进行了划分：

- 最大似然估计
- 贝叶斯方法

8.2 判别模型

我们将首先从判别模型的角度讨论这两类之间的区别，然后将转向生成模型。

8.2.1 最大似然估计

最大似然估计或 MLE（Maximum Likelihood Estimation）方法从表面上处理问题，并将信息参数化为变量。使观测变量的概率最大化的变量值导致问题的解决。让我们用形式符号来定义这个问题。假设有一个函数 $f(\mathbf{x}; \theta)$ 产生观测输出 y。$x \in \Re^n$ 表示我们对其没有任何控制的输入，$\theta \in \Theta$ 表示一个可以是一维或多维的参数向量。MLE 方法定义了一个似然函数，表示为 $L(y|\theta)$。通常，似然函数是参数和观测变量的联合概率，即 $L(y|\theta) = P(y; \theta)$。目标是找到使似然函数最大化的 θ 的最优值，如

$$\theta^{\mathrm{MLE}} = \arg\max_{\theta \in \Theta}\{L(y|\theta)\} \tag{8.1}$$

或者：

$$\theta^{\mathrm{MLE}} = \arg\max_{\theta \in \Theta}\{P(y; \theta)\} \tag{8.2}$$

这是一种纯粹的频率论方法，仅依赖于数据。

8.2.2 贝叶斯方法

贝叶斯方法以不同的方式看待这个问题。所有未知数都被建模为具有已知先验概率分布的随机变量。我们将参数向量 θ 的观测输出 y 的条件先验概率表示为 $P(y|\theta)$。这些变量的边际概率表示为 $P(y)$ 和 $P(\theta)$。变量的联合概率可以根据条件概率和边际概率写成

$$P(y; \theta) = P(y|\theta) \cdot P(\theta) \tag{8.3}$$

相同的联合概率也可以表示为

$$P(y; \theta) = P(\theta|y) \cdot P(y) \tag{8.4}$$

这里，概率 $P(\theta/y)$ 称为后验概率。结合式（8.3）和式（8.4），

$$P(\theta|y) \cdot P(y) = P(y|\theta) \cdot P(\theta) \tag{8.5}$$

重新排列这些项我们得到

$$P(\theta|y) = \frac{P(y|\theta) \cdot P(\theta)}{P(y)} \tag{8.6}$$

公式（8.6）称为贝叶斯定理。该定理以一种简单而优雅的方式给出了后验概率和先验概率之间的关系。这个公式是整个贝叶斯框架的基础。上述公式中的每一项都有一个名称：$P(\theta)$ 称为先验（概率），$P(y/\theta)$ 称为似然（函数），$P(y)$ 称为证据（因子），$P(\theta/y)$ 称为后验（概率）。因此，在该描述中，贝叶斯定理可表示为：

$$后验概率 = \frac{先验概率 \cdot 似然（函数）}{证据（因子）} \tag{8.7}$$

贝叶斯估计是基于后验概率的最大化。因此，基于贝叶斯定理的优化问题现在可以表述为：

$$\theta^{\text{Bayes}} = \underset{\theta \in \Theta}{\arg\max} \{P(\theta|y\} \tag{8.8}$$

扩展该项：

$$\theta^{\text{Bayes}} = \underset{\theta \in \Theta}{\arg\max} \left\{ \frac{P(y|\theta) \cdot P(\theta)}{P(y)} \right\} \tag{8.9}$$

将该式与式（8.2）进行比较，我们可以看到贝叶斯方法以先验概率的形式增加了更多的信息。有时，这些信息是可用的，然后贝叶斯方法显然成为首选，但是在这些信息不是明确可用的情况下，仍然可以假设某些默认分布并继续进行。

8.2.3 最大似然估计和贝叶斯方法的比较

这些公式相对抽象，并且通常很难理解。为了充分理解它们，让我们考虑一个简单的数值例子。让我们做一个掷硬币 5 次的实验。假设每次投掷的两种可能结果是 H（正面）或 T（反面）。我们的实验结果是 H、H、T、H、H。目标是找到第六次投掷的结果。让我们使用 MLE 和贝叶斯方法来解决这个问题。

8.2.3.1 使用 MLE 求解

似然函数定义为 $L(y|\theta) = P(y; \theta)$，其中 y 表示试验结果，θ 表示硬币的性质，其形式为获得给定结果的概率。假设得到正面的概率为 h，得到反面的概率为 $1-h$。现在，每次投掷的结果都独立于其他投掷的结果。因此，实验的总可能性可以表示为：

$$P(y; \theta) = P(y = H|\theta = h)^4 \cdot P(y = T|\theta = (1 - h)) \tag{8.10}$$

现在，让我们来解这个方程

$$P(y; \theta) = h \cdot h \cdot (1 - h) \cdot h \cdot h$$
$$P(y; \theta) = h^4 - h^5$$

为了使可能性最大化，我们需要利用微分学的基本原理，即在连续函数的任意最大值或最小值处，一阶导数为 0。为了使可能性最大化，我们将上述方程对 h 进行微分，并使它等于 0。求解该方程（假设 $h \neq 0$），我们得到：

$$\frac{\partial}{\partial h} P(y; \theta) = 0$$

$$\frac{\partial}{\partial h}(h^4 - h^5) = 0$$

$$4 \cdot h^3 - 5 \cdot h^4 = 0$$

$$4 \cdot h^3 = 5 \cdot h^4$$

$$4 = 5 \cdot h$$

$$h = \frac{4}{5}$$

在下一次投掷中得到正面的概率是 4/5。

8.2.3.2　使用贝叶斯方法求解

根据贝叶斯定理写出后验公式，

$$P(\theta|y) = \frac{P(y|\theta) \cdot P(\theta)}{P(y)} \tag{8.11}$$

将该式与式（8.10）进行比较，我们可以看到似然函数与当前方程中的项 $P(y/\theta)$ 是相同的。但是，我们需要另一个实体 $P(\theta)$ 的值，并且它是先验的。这是我们要假设的，因为它没有明确地提供给我们。如果我们假设先验概率是一致的，那么它与 θ 无关，贝叶斯方法的结果将与 MLE 方法的结果相同。但是，为了展示这两种方法之间的差异，让我们使用一个不同的且非直观的先验。设 $P(\theta = h) = 2h$。因此，$P(\theta = T)$。在定义此先验条件时，我们需要确保它是一个有效的概率密度函数。最简单的方法是确认 $\int_{h=0}^{h=1} P(\theta = h) = 1$。从图中可以看出，这确实是正确的。该方程中还有一个以证据形式存在的因子 $P(y)$。但是，该值是不依赖于固定偏倚的输出的出现概率，并且对于 h 是常数。当我们对 h 进行微分时，该参数的影响将会消失。因此，出于优化的目的，我们可以放心地忽略这一项（图 8.1）。

因此，我们现在可以像之前一样处理优化问题。为了最大化后验，让我们像之前一样对 h 进行微分

$$\frac{\partial}{\partial h} P(\theta|y) = \frac{\partial}{\partial h} \frac{P(y|\theta) \cdot P(\theta)}{P(y)} = 0 \tag{8.12}$$

代入数值并求解（假设 $h \neq 0$），

$$\frac{\partial}{\partial h}\frac{P(y|\theta)\cdot P(\theta)}{P(y)}=0$$

$$\frac{\partial}{\partial h}((2\cdot h)^5\cdot P(y=H|\theta=h)^4\cdot P(y=T|\theta=(1-h)))=0$$

$$\frac{\partial}{\partial h}(2^5\cdot h^5\cdot(h^4-h^5))=0$$

$$\frac{\partial}{\partial h}(2^5\cdot(h^9-h^{10}))=0$$

$$9\cdot h^8-10\cdot h^9=0$$

$$9\cdot h^8=10\cdot h^9$$

$$h=\frac{9}{10}$$

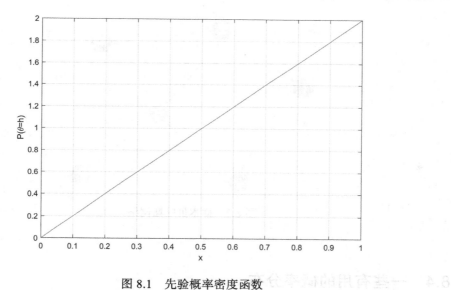

图 8.1　先验概率密度函数

使用贝叶斯方法，在下一次投掷中得到正面的概率是 9/10。因此，与 MLE 相比，贝叶斯方法非平凡的先验假设导致了不同的结果。

8.3　生成模型

如前所述，生成模型试图理解正在被分析的数据是如何首先出现的。他们在多个不同的领域中找到了应用，在这些领域中，我们需要合成类似于真实生活但不能直接从任何真实示例中复制的语音、图像或 3D 环境。生成模型可以大致分为两种类型：经典模型和基于深度学习的模型。我们将简要地介绍一些经典生成模型的例子。

8.3.1 混合方法

生成模型的基本方面之一是理解输入的组成。首先了解输入数据是如何存在的。最简单的情况是将所有输入数据作为单个过程的结果。如果我们能够确定描述过程的参数，那么我们就可以充分地理解输入。但是，通常情况下，任何输入数据都远不是这种理想的情况，并且需要将其建模为多个过程的结果。这就产生了混合模型的概念。

8.3.2 贝叶斯网络

贝叶斯网络表示有向无环图，如图 8.2 所示。每个节点代表一个可观察的变量或状态。边表示节点之间的条件依赖关系。贝叶斯网络的训练包括识别节点并预测最能代表给定数据的条件概率。

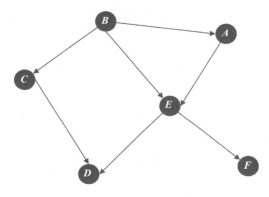

图 8.2　样本贝叶斯网络

8.4 一些有用的概率分布

我们将在本章结束时详细介绍一些常用的概率分布。在概率论和统计学文献中，可能研究了数百种不同的分布。我们并不想全部研究它们，但是根据我迄今为止在机器学习项目中的经验，我已经意识到，了解一些关键分布的知识会有很大帮助。因此，我将在这里描述这些分布，而无须深入探讨它们的起源等理论细节。我们将研究这些分布的概率密度函数（probability density function，pdf）以及累积密度函数（cumulative density function，cdf），并查看定义这些分布的参数。以下是这些量的定义，以供参考：

定义 8.1（pdf）　概率密度函数是一个函数 $p(X=x)$，对于一个给定的变量 X 提供值 x 的出现概率。$p(X=x)$ 的曲线图在 y 轴上的范围在 $[0, 1]$ 之间，并且可以在 x 轴的 $[-\infty, \infty]$ 之间扩展，并积分为 1。

定义 8.2（cdf） 累积密度函数是一个函数 $C(X=x)$，它提供了 $[-\infty, x]$ 之间 X 值出现的概率之和。该图也限定在 $[0, 1]$ 之间。与 pdf 不同，此图从左边的 0 开始，到右边的 1 结束。

我强烈建议读者仔细阅读这些分布，并观察随着参数变化的概率趋势。在很多情况下，我们都会遇到这样的分布，如果可以将给定的分布与已知的分布进行匹配，那么问题就能以一种更加优雅的方式得到解决。

8.4.1 正态分布或高斯分布

正态分布是使用最广泛的概率分布之一。由于其 pdf 的形状，又称为钟形分布。该分布具有广泛的应用，包括误差分析。它还用更复杂的公式来近似许多其他分布。正态分布受欢迎的另一个原因是中心极限定理。

定义 8.3（中心极限定理） 中心极限定理指出，如果从具有有限方差的任意分布的总体中抽取足够多的样本，则样本的均值渐近地接近总体的均值。换句话说，从任意分布的总体中取均值的抽样分布渐近地接近正态分布。

因此，正态分布有时也称为分布的分布。

正态分布也是连续和无界分布的一个例子，其中 x 的值可以跨越 $[-\infty, \infty]$。数学上，正态分布的 pdf 表示为

$$P_{\text{normal}}(x|\mu, \sigma) = \frac{1}{\sqrt{2\pi\sigma^2}} \exp\left[-\frac{(x-\mu)^2}{2\sigma^2}\right] \tag{8.13}$$

其中，μ 是均值，σ 是该分布的标准偏差。方差是 σ^2。正态分布的 cdf 表示为

$$C_{\text{normal}}(x|\mu, \sigma) = \frac{1}{2}\left[1 + \text{erf}\left(\frac{x-\mu}{\sigma\sqrt{2}}\right)\right] \tag{8.14}$$

其中，erf 是一个标准误差函数，定义为

$$\text{erf}(x) = \frac{1}{\sqrt{\pi}}\int_{-x}^{x} e^{-t^2} \tag{8.15}$$

被积分的函数是对称的，因此它也可以写成

$$\text{erf}(x) = \frac{2}{\sqrt{\pi}}\int_{0}^{x} e^{-t^2} \tag{8.16}$$

pdf 及 cdf 的曲线图分别如图 8.3 和图 8.4 所示。

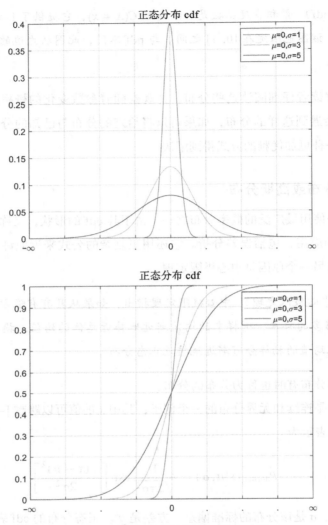

图 8.3   0 均值和不同方差的正态 pdf 图

8.4.2   伯努利分布

伯努利分布是离散分布的一个例子，它最常见的应用是掷硬币的概率。这种分布得名于 17 世纪一位伟大的数学家 Jacob Bernoulli。该分布基于两个参数 p 和 q，它们之间的关系是 $p = 1 - q$。通常，p 称为成功的概率（或者在掷硬币的情况下，称为得到正面的概率），q 称为失败的概率（或者在掷硬币的情况下，称为得到反面的概率）。基于这些参数，伯努利分布的 pdf（有时对于离散变量，它被称为概率质量函数（probability mass function，pmf），但是为了一致性，我们将其称为 pdf）表示为

$$P_{\mathrm{bernoulli}}(k|p,q) = \begin{cases} p, & \text{当 } k = 1 \\ q = 1 - p, & \text{当 } k = 0 \end{cases} \qquad (8.17)$$

这里，我们使用离散变量 k 代替连续变量 x。cdf 表示为

$$C_{\mathrm{bernoulli}}(k|p,q) = \begin{cases} 0, & \text{当 } k < 0 \\ q = 1 - p, & \text{当 } 0 \leqslant k < 1 \\ 1, & \text{当 } k \geqslant 1 \end{cases} \qquad (8.18)$$

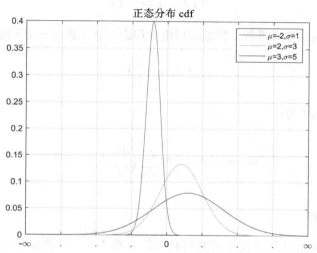

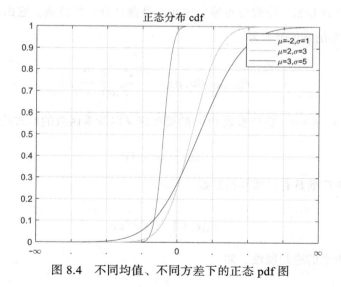

图 8.4　不同均值、不同方差下的正态 pdf 图

8.4.3　二项分布

二项分布将伯努利分布推广到多次试验中。二项分布具有两个参数 n 和 p。n 是实

验的试验次数，其中成功的概率为 p。失败的概率为 $q = 1 - p$，就像伯努利分布一样，但它不被认为是单独的第三个参数。二项分布的 pdf 如下

$$P_{\text{Binomial}}(k|n, p) = \binom{n}{k} p^k (1-p)^{n-k} \tag{8.19}$$

其中

$$\binom{n}{k} = \frac{n!}{k!(n-k)!} \tag{8.20}$$

在这种情况下称为二项式系数。根据排列组合理论，它还表示 n 中 k 的组合数，表示为

$$^nC_k = \binom{n}{k} \tag{8.21}$$

给出二项分布的 cdf 为：

$$C_{\text{Binomial}}(k|n, p) = \sum_{i=0}^{k} \binom{n}{i} p^i (1-p)^{n-i} \tag{8.22}$$

8.4.4　伽马分布

伽马分布也是统计学理论中研究得较多的分布之一。它构成了其他常用分布的基本分布，比如卡方分布、指数分布等，这些都是伽马分布的特例。它由两个参数定义：α 和 β。伽马分布的 pdf 表示为

$$P_{\text{gamma}}(x|\alpha, \beta) = \frac{\beta^\alpha x^{\alpha-1} e^{-\beta x}}{\Gamma(\alpha)} \tag{8.23}$$

其中，$x > 0$ 且 α、$\beta > 0$。整数参数 $\Gamma(\alpha)$ 的简单定义以阶乘函数的形式给出为

$$\Gamma(n) = (n-1)! \tag{8.24}$$

同样的定义被推广到具有正实部的复数

$$\Gamma(\alpha) = \int_0^\infty x^{\alpha-1} e^{-x} dx \tag{8.25}$$

该函数还遵循阶乘的递归属性，如

$$\Gamma(\alpha) = (\alpha-1)\Gamma(\alpha-1) \tag{8.26}$$

图 8.5 显示了不同 α 和 β 值的 pdf 图。

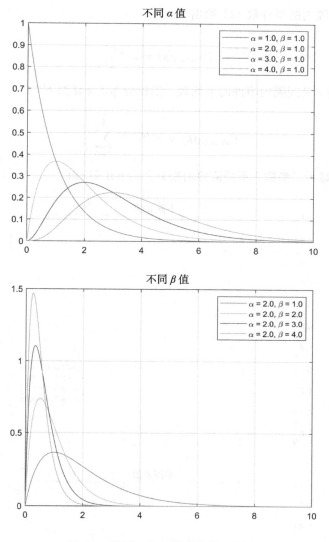

图 8.5　不同 α 和 β 值的伽马 pdf 图

gamma 函数的 cdf 不能简单地表示为一个单值函数，而是作为无穷级数的和给出，如

$$C_{\text{gamma}}(x|\alpha, \beta) = e^{-\beta x} \sum_{i=\alpha}^{\infty} \frac{(\beta x)^i}{i!} \tag{8.27}$$

图 8.6 显示了不同 α 和 β 值的 cdf 图，类似于 pdf 所示的曲线图。

8.4.5　泊松分布

泊松分布是一种与二项分布大致相似的离散分布。泊松分布的发展是为了模拟在固定时间间隔内结果出现的次数。它以法国数学家 Siméon Poisson 的名字命名。泊松

分布的 pdf 以间隔内的事件数（k）给出

$$P_{\text{Poisson}}(k) = e^{-\lambda}\frac{\lambda^k}{k!} \tag{8.28}$$

其中，单个参数 λ 是间隔内事件的平均数。泊松分布的 cdf 如下

$$C_{\text{Poisson}}(k) = e^{-lambda}\sum_{i=0}^{k}\frac{\lambda^i}{i!} \tag{8.29}$$

图 8.7 和图 8.8 显示了参数 λ 不同值的泊松分布的 pdf 和 cdf。

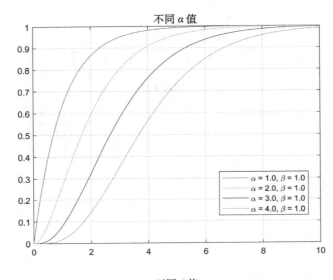

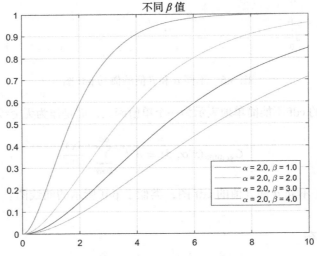

图 8.6 不同 α 和 β 值的伽马 cdf 图

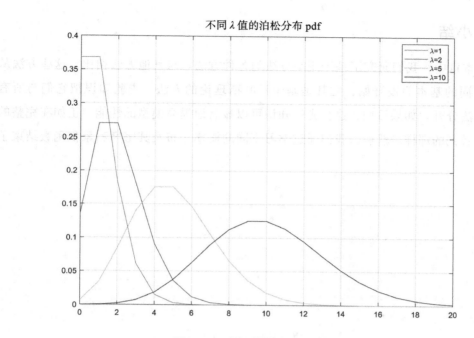

图 8.7 不同 λ 值的泊松 pdf 图

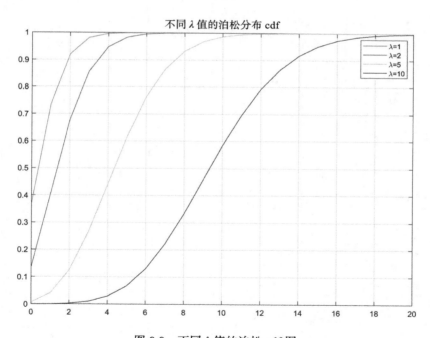

图 8.8 不同 λ 值的泊松 cdf 图

8.5　小结

在本章中，我们研究了基于概率方法的各种方法。与其他方法相比，这些方法从一些不同的基本假设开始，尤其是基于贝叶斯理论的方法。先验知识把它们与所有其他方法分开。如果可用，这种先验知识可以显著地提高模型的性能，正如在完整的示例中看到的那样。然后，我们通过学习不同的概率分布及其密度和累积函数结束了本章。

动态规划和强化学习

9.1 引言

动态规划理论是由 Bellman[38] 在 20 世纪 50 年代提出的。在其标志性著作的前言中，他对动态规划的定义如下：

本书的目的是介绍多阶段决策过程的数学理论。由于这些构成了一组有点复杂的术语，因此我们创造了术语动态规划来描述主题。

这是非常有趣和恰当的命名，因为动态规划框架下的方法非常丰富。这些方法深深植根于纯数学，但更易于表达，因此可以直接作为计算机程序实现。一般来说，这种多阶段决策问题出现在各种工业应用中，解决这些问题始终是一项艰巨的任务。但是，Bellman 描述了一种结构化的、有时是迭代的方式，在这种方式中，问题可以分解并按顺序解决。在子问题的顺序求解中存在状态机的概念，后续问题的上下文根据前一问题的求解动态变化。方法的这种非静态行为赋予了名称动态。这类问题也以专家系统的形式标志着人工智能的早期阶段。

9.2 动态规划的基本方程

一般而言，动态规划试图解决的问题可以以单个方程的形式给出，称为 Bellman 方程（见图 9.1）。让我们考虑一个经过 N 个步骤的过程。每个步骤中，都存在一个状态和可能的一组操作。假设初始状态为 s_0，采取的第一个操作为 a_0。

我们还将步骤 t 中的可能操作集约束为 $a_t \in \Gamma(s_t)$。根据所采取的操作，到达下一个状态。让我们调用组合当前状态和操作并生成下一个状态为 $T(s, a)$ 的函数。因此 $s_1 = T(s_0, a_0)$。当过程经历多个状态时，我们试图解决的问题是将步骤 t 中的值函数优化为 $V(s_t)$。

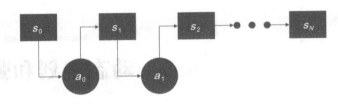

图 9.1   Bellman 方程的建立

迭代法中的最优性原理可以表述为："为了在最后一步获得最优值，需要在前一步中获得最优值，从而得到最终的最优值"。要将其转化为方程，我们可以写成

$$V(s_t) = \max_{a_t \in \Gamma(s_t)} V(T(s_t, a_t)) \tag{9.1}$$

当不考虑每个状态之后的支出时，这是 Bellman 方程的一个特例。为了使方程更通用，让我们将步骤 t 的支付函数添加为 $F(s_t, a_t)$。现在可以将 Bellman 方程的更一般形式表示为

$$V(s_t) = \max_{a_t \in \Gamma(s_t)} (F(s_t, a_t) + V(T(s_t, a_t))) \tag{9.2}$$

在某些情况下，不能假定完全可以实现将来值的最优性，并且需要添加折现因子 β，其中 $0 < \beta < 1$。然后，可以将 Bellman 方程写成

$$V(s_t) = \max_{a_t \in \Gamma(s_t)} (F(s_t, a_t) + \beta V(T(s_t, a_t))) \tag{9.3}$$

这个通用方程是相当抽象的形式，我们没有定义任何特定的问题、特定的约束甚至是想要最大化或最小化的特定值函数。但是，一旦我们定义了这些，只要函数是连续且可微的，就可以放心地使用这个方程来解决问题。

9.3   动态规划下的问题类别

动态规划定义了一类通用的问题，这些问题与机器学习理论具有相同的假设。使用动态规划理论可以解决的问题的详尽列表是相当大的，可以在文献 [4] 中看到。然而，研究和应用的最显著的问题类别是：

- 旅行商问题
- 递归最小二乘（RLS，Recursive Least Square）法
- 查找图中两个节点之间的最短距离
- 求解隐马尔可夫模型（HMM，Hidden Markov Model）的维特比算法

除了这些特定问题，在现代机器学习的背景下，最相关的领域是强化学习及其衍生工具。我们将在本章的其余部分中研究这些概念。

9.4 强化学习

到目前为止，我们已经探索了大多数机器学习技术，并将在后面的章节中主要关注两种学习类型：监督学习和无监督学习。两种方法都是基于标签数据的可用性进行分类的。但是，这些类型都没有真正关注与环境的交互。即使在监督学习技术中，标签数据也可以预先获得。强化学习采用一种完全不同的学习方法。它更密切地关注学习的生物学方面。当新生婴儿开始与环境互动时，他的学习就开始了。在最初的时候，婴儿主要是做一些随机的动作，并且会以某种方式对环境做出反应。这称为强化学习。它不能被划分到这两种类型中的任何一种。让我们看看强化学习的一些基本特点，以准确地了解它与这些方法的不同之处。强化学习框架基于两个主要实体之间的交互：系统和环境。

9.4.1 强化学习的特点

强化学习具有如下特点：

1. 没有可用的预标记训练数据。

2. 动作空间是预先定义的，通常可以包含系统在任何给定实例上可以执行的大量可能动作。

3. 系统选择在每个时间实例上执行一个动作。实例的含义对于每个应用都是不同的。

4. 每次都会记录来自环境的反馈（也称为奖励）。它可以是积极的、消极的或中性的。

5. 反馈可能会有延迟。

6. 系统在与环境交互时学习。

7. 环境不是静态的，系统所做的每个动作都可能改变环境本身。

8. 由于环境的动态性，整个训练空间实际上是无限的。

9. 强化学习的训练阶段和应用阶段不是分开的。该模型在不断地学习，同时也在预测。

9.4.2 框架和算法

需要注意的是，强化学习是一个框架，而不是像本书中讨论的大多数其他方法那样的算法，因此它只能与其他学习框架如监督学习进行比较。当算法遵循上述特点时，该算法被认为是强化学习算法。图 9.2 和图 9.3 显示了强化学习和监督学习框架的架构。无监督学习是完全不同的，因为它不涉及任何类型的反馈或标签，这里不考虑。

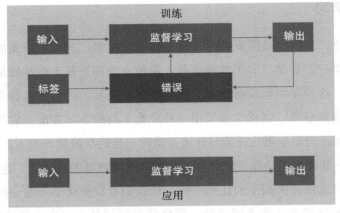

图 9.2　监督学习架构

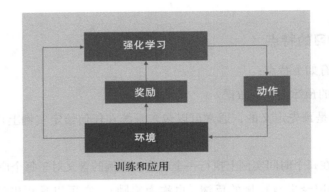

图 9.3　强化学习架构

9.5　探索和开发

强化学习在学习过程中引入了两个新的概念，称为探索和开发。当系统开始它的学习过程时，到目前为止还没有学到知识，并且系统所采取的每个动作都是纯随机的。这称为探索。在探索过程中，系统只是尝试不同的可能采取的动作，并将来自系统的反馈记录为积极的、消极的或中性的奖励。经过一段时间的学习阶段，当收集到足够的反馈时，系统可以开始使用从先前的探索中学到的知识，并开始产生不是随机的而是确定性的动作。这称为开发。强化学习需要在探索和开发之间找到良好的权衡。探索开辟了更多可能的动作，这些动作可能会导致未来获得更好的长期奖励，但代价是短期内可能会获得较低的奖励，而开发往往会获得更好的短期奖励，其代价是可能因当时未知的动作而错失更多可能的长期奖励。

9.6　强化学习应用示例

通过查看以下一些实际应用，可以更好地理解强化学习理论：

1. **国际象棋程序**：通过计算机解决国际象棋获胜的问题是强化学习的经典应用之一。任何一方做出的每次移动都会在棋盘上打开一个新的位置。最终目标是俘获对方的国王，但短期目标是夺取对方的其他棋子或获得对中心的控制等。动作空间实际上是无限的，因为在 64 个方格上总共有 32 个棋子，并且每个棋子允许有不同的移动类型。国际象棋中可能的移动次数的保守估计之一计算为大约 10^{120}，也称为香农数 [10]。IBM 的 "深蓝系统"（Deep Blue）是一台超级计算机，专门设计用于下国际象棋，并在 1997 年击败了当时的世界冠军 Gary Kasparov[11]。这被认为是机器学习的里程碑。它确实使用了一些强化学习，但是使用过往游戏的庞大数据库对其进行了大幅扩充。从那时起，计算机在游戏方面变得越来越出色。但是，强化学习的真正胜利来自 Google 的 AlphaZero 系统。这个系统是通过与自身对弈并学习国际象棋的所有概念来训练的。仅仅经过 9 小时的训练，在没有任何之前玩过的游戏知识的情况下，它能够击败另一个国际象棋世界冠军程序，即 2015 年的 Stockfish[60]。

2. **机器人技术**：训练机器人在复杂的现实世界中机动是一种经典的强化学习问题，与生物学习非常相似。在这种情况下，动作空间是由机器人移动部件的范围和环境的组合来定义的，环境是机器人需要与该区域中的所有现有对象一起机动的区域。如果我们想训练机器人将一个物体从一个地方举起并把它放到另一个地方，那么将会相应地给予奖励。

3. **电子游戏**：解决电子游戏是强化学习问题的另一个有趣的应用。电子游戏创造了一个模拟的环境，在该环境中，用户需要导航，并以赢得一场比赛或杀死一只怪物等形式实现某些目标。只有某些动作组合才允许用户通过各种挑战性的关卡。动作空间也被很好地定义为向上、向下、向左、向右、加速制动或使用某些武器发起攻击等形式。开放人工智能（Open AI）创建了一个平台，用于测试强化学习模型，以解决 Gym 形式的电子游戏 [13]。这里是一个应用程序，其中 Gym 用于解决经典游戏《超级马里奥（Super Mario）》[12] 中的关卡。

4. **个性化**：各种各样的电子商务网站，如亚马逊、Netflix，大部分内容是针对每个用户的个性化。这也可以通过使用强化学习来实现。这里的动作空间是可能的推荐，而奖励是用户参与某些推荐的结果。

9.7 强化学习理论

图 9.4 显示了使用强化学习架构的信号流和值更新。s_k 表示系统的状态，即环境和学习系统本身在时间实例 k 的结合。a_k 是系统采取的动作，r_k 是环境在同一时间实例下给出的奖励。π_k 是确定在同一时间实例下动作的策略，是当前状态的函数。V^π 表示使用当前状态和奖励更新策略的值函数。

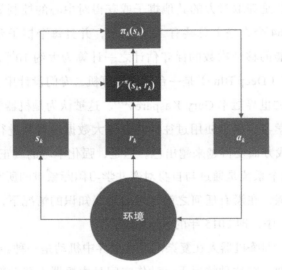

图 9.4　强化学习模型架构

学习的变体

强化学习的这种描述将各种不同的方法组合成一个单一的通用表示。以下是通常使用的不同方法：

- Q-learning
- SARSA
- 蒙特卡罗

Q-learning

为了理解 Q-learning，让我们考虑 Bellman 方程最通用的形式，如式（9.3）。在 Q-learning 框架中，函数 $T(s, a)$ 称为值函数。Q-learning 技术的重点是学习所有给定状

态和动作组合的 $T(s, a)$ 值。Q-learning 算法可以概括为：

1. 为所有可能的状态和动作组合初始化 Q-table。

2. 初始化 β 的值。

3. 选择一个用于在探索和开发之间进行权衡的动作。

4. 执行动作并衡量奖励。

5. 使用式（9.3）更新相应的 Q 值。

6. 将状态更新为下一个状态。

7. 继续迭代（步骤 3 ~ 6），直到达到目标。

SARSA

SARSA 代表状态—动作—奖励—状态—动作[66]。SARSA 算法是对 Q-learning 的一种增量式更新，它增加了基于策略的学习。因此，它有时也被称为同策略（on-policy）的 Q-learning，而传统的 Q-learning 是异策略（off-policy）的。SARSA 的更新方程可表示为

$$V'(s_t, a_t) = (1 - \alpha\beta)V(s_t, a_t) + \alpha F(s_t, a_t) + \alpha\beta V(s_{t+1}, a_{t+1}) \tag{9.4}$$

其中，β 是像以前一样的折现因子，α 称为学习率。

9.8　小结

在本章中，我们研究了 Bellman 定义的属于动态规划类的方法。强化学习及其变体的具体案例标志着它们自己的主题，我们专门用一节来研究这些概念及其应用。强化学习标志着一种全新的学习类型，它比传统的监督和无监督的学习技术更类似于人类的学习。强化学习能够在给定的环境中实现完全自动化的学习方式。这些技术在深度学习的背景下变得非常流行，我们将在后面的章节中研究这些方面。

演 化 算 法

10.1 引言

所有的传统算法，包括新的深度学习框架，都使用梯度演算来解决优化问题。这些方法已经得到了重大发展，以解决曾经被认为不可能解决的难题。但是，这些算法的应用范围是线性且可预测的。演化算法试图以一种根本不同的大规模探索方式，以一种随机但监督的方式攻击优化问题。这种方法为眼前的问题开辟了全新的解决方案类型。而且，这些方法天生适合于令人尴尬的并行计算，这是基于 GPU 的现代计算的口头禅。

10.2 传统方法的瓶颈

在机器学习的应用中，人们会遇到许多问题，这些问题实际上不可能找到普遍最佳的解决方案。在这种情况下，人们必须满足于在一些合理的局部邻域内最佳的解决方案（该邻域是从特征值跨越的超空间的角度来看的）。图 10.1 显示了这种空间的一个示例。

大多数传统方法以贪心的方式⊖采用某种形式的线性搜索。为了看到贪心方法的运行情况，让我们放大图 10.1，如图 10.2 所示。箭头显示了基于梯度搜索的贪心算法如何进行并将结果转为局部最小值。

⊖ 通常，所有使用基于梯度搜索的算法都称为贪心算法。这些算法利用了微积分中的事实，即在任何局部最优（最小或最大值）处，梯度的值为 0。为了区分最优值是最小值还是最大值，使用了二阶梯度。当二阶梯度为正时，达到最小值，否则为最大值。

复杂搜索空间的示例

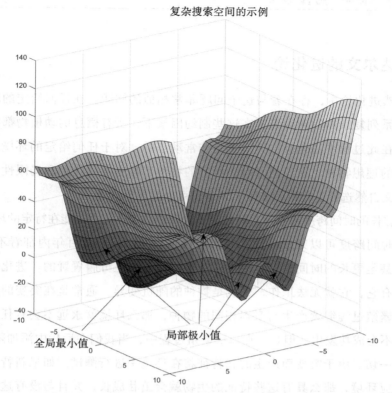

图 10.1　具有多个局部最小值和唯一单个全局最小值的复杂搜索空间的示例

复杂搜索空间的示例

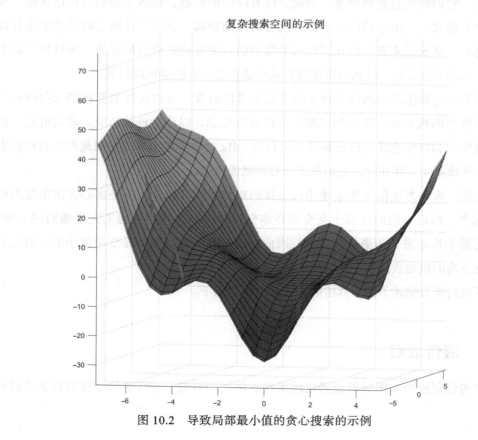

图 10.2　导致局部最小值的贪心搜索的示例

10.3 达尔文的进化论

在自然进化论中，存在着与这个问题非常相似的问题。在任何给定的环境中，都存在着一系列复杂的制约因素，在这些制约因素下，所有栖息的动植物都在为生存而斗争，并在此过程中进化。这种设置是非常动态的，对于任何给定的环境，始终都不存在完美的理想物种。在任何时间，所有的物种都具有某些优势和局限性。物种的进化受达尔文自然选择进化论的支配。该理论可以简单地表述为：

在足够长的时间跨度内，只有那些更适合环境的个体生物才能在特定的环境中生存。

这种时间跨度可以延续多代，其影响通常在几年甚至几百年内都看不到。然而，在几千年甚至更长的时间里，自然选择对进化的影响是毋庸置疑的。进化论还有一个方面，没有它，它就无法工作，那就是物种的随机变异，通常是在突变的过程中发生的。如果繁殖过程继续产生与亲本相同的物种，那么环境就永远不会有任何变化，自然选择就不会成功发生。但是，在每次繁殖过程中，当我们在后代中添加随机变量时，它将改变一切。由于突变而产生的新特征将在环境中进行测试。如果新特征能使生物更好地适应环境，那么具有这些特征的生物就会茁壮成长，并且与没有这些特征的生物相比，它们往往会繁殖更多。因此，随着时间的流逝，较弱生物的后代已灭绝，整个物种都进化了。由于持续的进化，随着时间的推移，该物种在给定的环境中生存得越来越好。从长远来看，进化过程引导物种沿着更好的适应方向发展，而且从总体上看，它永远不会退化。进化的这些特征非常适合于一开始描述的问题。

属于演化算法范畴的所有算法均受此概念的启发。每种这样的算法都试图以自己的方式解释随机变化、环境约束和自然选择的概念，以产生进化结果。幸运的是，由于随机变化和自然选择的过程是使用运行在 GHz 的计算机实现的，因此与生物环境中的数千年或数十万年相比，它们只需几秒钟就能发生。

因此，演化方法依赖于创建随机选择的初始样本群体，而不是贪心方法中使用的单个起点。然后，他们让基于突变的样本变异和自然选择的过程来完成他们的工作，以发现哪个样本进化为更好的估计。因此，演化算法也不能保证全局最小值，但它们通常有更高的机会找到一个全局最小值。

下面的章节描述了演化算法的几个最常见的例子。

10.4 遗传规划

遗传规划模型试图尽可能接近地实现达尔文的思想。它将遗传结构的概念映射到解空间，并以编程的方式实现了自然选择和具有突变可能性的繁殖的概念。让我们看看算法中的步骤。

遗传规划的步骤：

1. 将过程参数设置为停止标准、突变分数等。

2. 使用随机选择初始化候选解的种群。

3. 根据手头的问题创建适应度指数。

4. 将适应度指数应用于所有候选种群，并通过消除得分最低的候选对象使候选者的数量达到预定值。

5. 从种群中随机选择成对的候选个体作为亲本，并进行繁殖过程。繁殖过程可以包含两种选择：

   a) 交叉：在交叉中，以预先定义的结构方式组合亲本候选对象以创建后代。

   b) 变异：在变异中，通过交叉过程产生的子代被随机修改。该变异只适用于过程设置之一所确定的一部分后代。

6. 用新产生的后代增加原始种群。

7. 重复步骤 4、5 和 6，直到满足所需的停止标准为止。

虽然从生物学的角度来看，算法中列出的步骤相当简单，但是它们需要根据手头的问题进行定制，以便编程实现。为了说明定制的复杂性，让我们考虑一个实际的问题。一个使用传统方法很难解决但非常适合遗传规划的经典问题是旅行商问题。该问题是这样的：

有一个推销员想要按顺序到达 n 个目的地。每对目的地之间的距离为 d_{ij}，其中 i, $j \in \{1, 2, \cdots, n\}$。问题是选择在最短总距离内仅连接所有目的地一次的顺序。

虽然这个问题看起来很简单，但实际上它被认为是最难解决⊖的问题之一，而且即使目的地的数量只有 100 个，也不可能找到该问题的普遍最优解。

让我们试着使用上述步骤来解决这个问题。

1. 让我们将停止标准定义为距离的连续改进小于某个值 α 或最大迭代次数。

2. 我们首先需要创建解的一个随机种群，其中包含 k 个不同的解。每个解都是从 1 到 n 的目的地随机序列。

3. 适应度测试将作为连续目的地之间的距离之和给出。

4. 按总距离递减的顺序排序时，我们将保留 k 个最优的候选对象。

⊖ 此问题属于一类称为 NP 难问题。它代表不确定性的多项式时间难题 [27]。该问题的最坏情况解决时间以接近指数的时间增加，并且很快超出了当前硬件的范围。

5. 繁殖步骤是使事情变得有些棘手的地方。首先，我们将随机选择两个亲本（parents）。现在，让我们逐一考虑这两种情况。

a. 对于交叉，我们将直接从 parent-1 中选择第一个 k_1，$k_1 < k$ 个目的地，然后从 parent-2 中选择其余的目的地。但是，这种简单的交叉可能导致在新序列，称为后代（offspring）序列中重复某些目的地，并丢失一些目的地。这些误差需要通过适当的调整来修正。

b. 对于变异，一旦产生基于交叉的后代序列，随机地交换一些目的地。

6. 一旦繁殖出全部种群，我们将拥有两倍大小的种群。然后，我们可以按照算法中的描述重复上述步骤，直到达到停止标准为止。

不幸的是，由于遗传规划设计中的随机因素，人们对达到可接受的解需要花费多少时间、种群规模应该是多少或者变异的百分比应该是多少等，没有一个确定性的界限。必须对这些参数的多个值进行实验，以找到每种给定情况的最优解。尽管存在这种不确定性，但众所周知，遗传规划在解决某些类型问题的计算时间上有显著的改进，并且通常是机器学习工具包中的一个强大工具。

10.5　群体智能

群体智能是一个通用术语，用于表示受原始生物群体的生物学方面影响的算法。群体智能技术的起源可以追溯到 1987 年，当时 Craig Reynolds 在 boids[68] 上发表了他的研究成果。在他的工作中，Reynolds 设计了一个鸟群系统，并指定了一套规则来控制群中每只鸟的行为。随着时间的推移，当我们对群体的行为进行汇总时，会出现一些完全令人吃惊的且重要的趋势。这种行为可以归因于这样的说法：有时，1 + 1 > 2。当单只鸟被认为是单个实体并在相同环境中释放时，它就没有生存的机会。如果鸟群中所有的鸟都作为单个实体，那么它们都有可能灭亡。但是，当人们将这些鸟聚集起来形成一个没有任何特定管理机构的相互交流的社会群体时，这个群体的能力就会显著提高。鸟类的一些长时间迁徙是群体智能成功的典型例子。

近年来，群体智能在计算机图形学中得到了应用，可以模拟电影和视频游戏中的动物甚至人类群体。事实上，21 世纪的百科全书——维基百科也可以归因于群体智能。群体智能技术在控制一组自主飞行的无人机中也得到了应用。通常，设计基于群体智能的算法的步骤可以概述如下：

1. 通过定义约束引入合适的环境来初始化系统。

2. 通过定义可能的行为规则以及与他人进行交流的可能方式来初始化单个生物。

3. 确定生物的数量和进化时期。

4. 定义每个生物的个体目标和整个群体的群体目标以及停止标准。

5. 通过探索与开发之间的权衡，定义影响单个生物做决策的随机性因素。

6. 重复该过程，直到达到结束标准。

10.6　蚁群优化

虽然蚁群优化可以看作群体智能的一个子集，但该方法有一些独特的方面，需要单独考虑。蚁群优化算法，顾名思义，是基于蚁群中大量蚂蚁的行为。单个蚂蚁拥有一套非常有限的技能，例如，它们的视力非常有限，在大多数情况下它们是完全盲的，它们的大脑非常小，智力非常低，它们的听觉和嗅觉也不是很发达。尽管有这些局限性，但蚁群本身仍具有一些非凡的能力，比如建造复杂的巢穴，寻找与巢穴相距很远的食物来源的最短路径。蚁群的另一个重要方面是它们是一个完全分散的系统。没有中央决策者，蚁王或蚁后命令该群体采取某些行动。所有的决策和行动均由单个蚂蚁根据其自身的运作方法来决定和执行。对于蚁群优化算法，我们将特别关注蚂蚁寻找从食物源到巢穴的最短路径的能力。

这项技术的核心在于信息素的概念。信息素是一种化学物质，每只蚂蚁在经过任何路线时都会释放这种物质。这些掉落的信息素会被沿着同样路径行进的蚂蚁感知到。当蚂蚁到达一个交叉点时，它会以较高的概率选择具有较高信息素水平的路径。这种概率行为将随机探索与其他蚂蚁的路径开发结合起来。在最短距离内连接食物来源和巢穴的路径可能比其他路径更常使用。这创造了一种正反馈的形式，并且随着时间的推移，具有最短距离的路径会不断得到越来越多的选择。从生物学的角度来说，最短路径会随着时间进化。这是解释进化过程的一种完全不同的方式，但它仍然符合基本原理。连接巢穴与食物来源的所有不同路径都标志着初始种群。随后对不同路径的选择，类似于繁殖过程，使用信息素以概率方式进行控制。然后，由信息素聚集产生的正反馈可作为适应度测试，并总体上控制进化。

这些与信息素释放及其衰减和聚集相关的生物学概念可以使用数学函数建模，以编程方式实现该算法。旅行商问题也是使用蚁群优化算法的一个很好的选择。它作为练习留给读者来实验这种实现。需要注意的是：由于蚁群优化算法本质上具有解的图形化特性，因此与遗传规划相比，其范围相对有限。

10.7 模拟退火

模拟退火 [67] 是这组演化算法中的一个特例，因为它的起源是冶金学，而不是生物学。退火过程是将金属加热到超过一定温度，称为再结晶温度，然后将其缓慢冷却。当金属加热到再结晶温度以上时，参与结晶过程的原子和分子可以移动。通常，这种移动的发生使得结晶过程中的缺陷得到修复。退火过程完成后，金属通常会改善其延展性和可加工性以及导电性。

模拟退火过程适用于解决在包含多个局部最小值（或最大值）的解空间中寻找全局最小值（或最大值）的问题。这种思想可以使用图 10.1 来描述。假设从某个初始起点开始，梯度下降算法收敛到最近的局部最小值。然后，模拟退火程序通过将算法的当前状态实质上扔到一个预先定义的邻域中的随机点，从而对解产生干扰。预计新的起点将导致另一个局部最小值。如果新的局部最小值小于前一个局部最小值，则将其作为解接受，否则将保留前一个解。再次重复该算法，直到达到停止标准为止。通过调整与冶金退火中较高温度相对应的邻域半径，可以对算法进行微调，以获得更好的性能。

10.8 小结

在本章中，我们研究了受进化和适应生物学方面启发的不同算法。总的来说，整个机器学习理论都受到人类智能的启发，但是用于实现该目标的各种算法可能不直接适用于人类甚至其他生物。但是，演化算法是专门为解决一些非常困难的问题而设计的，使用的方法是由不同的生物单独或作为一个群体使用的。

时间序列模型

11.1 引言

到目前为止讨论的所有算法都是基于对数据的静态分析。静态是指用于训练目的的数据是恒定的，不会随时间变化。但是，在许多情况下，数据并不是静态的。例如，股票走势分析、天气模式分析、音频或视频信号分析等。静态模型通过对某一时间的时间序列数据拍摄快照，可以在一定程度上解决动态数据处理中的一些问题。然后可以将这些快照用作静态数据来训练模型。然而，这种方法很少是最优的，总是导致不理想的结果。

时间序列分析作为统计学和信号处理的一部分，已经被广泛地研究了几个世纪，其理论已经相当成熟。时间序列分析的典型应用包括趋势分析、预测等。在信号处理理论中，时间序列分析还涉及导致频谱分析的频域。这些技术在处理动态数据方面表现非常强大。我们将从机器学习的角度来看待这个问题，并且不会深入研究本质上代表固定模式分析的主题的信号处理方面。机器学习的本质在于反馈。当对训练数据进行一定的计算并获得结果时，必须以某种方式将结果反馈到计算中以改进结果。如果这种反馈不存在，那么它就不是一个机器学习应用。我们将使用这个概念作为衡量标准，将纯信号处理或统计算法与机器学习算法分开，并且只关注后者。

11.2 平稳性

平稳性是时间序列理论中的一个核心概念，在对过程进行建模之前，理解它的一些含义是很重要的。平稳性或平稳过程定义为其参数的无条件联合概率分布不随时间变化的过程。有时，这种定义也称为严格平稳性。基于正态性假设的一种更实用的定义是过程的均值和方差随时间保持不变。这些条件使该过程仅在满足正态条件时才严格平稳。如果不满足，则该过程称为弱平稳或广义平稳。一般而言，当过程为非平稳时，其参数的联合概率分布会随时间变化，或者其参数的均值和方差不是恒定的。对这样的过程进行建模变得非常困难。虽然现实生活中遇到的大多数过程都是非平稳的，但为了简化建模过程，我们总是做一些平稳性的假设。然后，我们添加趋势和季节性的概念，以部分地解决非平稳性的影响。季节性是指过程的均值和方差可以随着季节的变化而周期性变化。趋势实质上模拟了均值和方差随时间的缓慢变化。我们将看到建立在平稳假设基础上的简单模型，然后将研究它们的一些扩展以考虑季节性。

为了理解趋势和季节性的细微差别，让我们看看图 11.1 和图 11.2。微软股票价格曲线图几乎是周期性的，周期约为 6 个月，呈上升趋势；而亚马逊股票价格曲线图则呈现不规则的变化，总体呈下降趋势。在这些宏观趋势之上，每天还有额外的周期性。

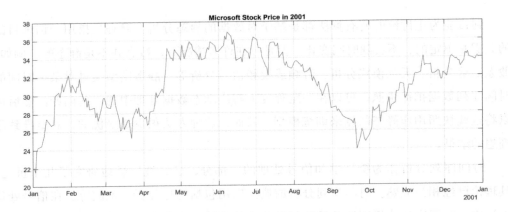

图 11.1   2001 日历年微软每日股票价格

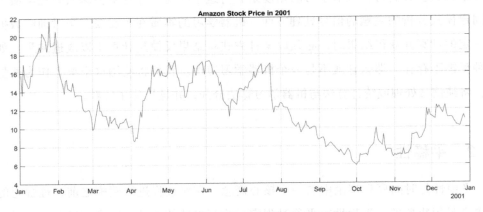

图 11.2   2001 日历年亚马逊每日股票价格

图 11.3 显示了从 1960 年到 2017 年德国每 100 人使用手机的情况。该图没有显示任何周期性，但数值呈明显的上升趋势。这种趋势不是线性的，也不是均匀的。因此，它代表了非平稳时间序列的一个很好的例子。

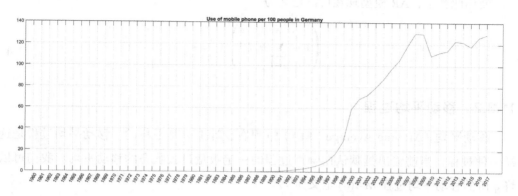

图 11.3　从 1960 年到 2017 年德国每 100 人使用手机的情况。数据由文献 [7] 提供

11.3　自回归和移动平均模型

自回归移动平均（Autoregressive Moving Average，ARMA）分析是单变量时间序列分析中最简单的技术之一。顾名思义，这种技术基于两个独立的概念：自回归和移动平均。为了从数学上定义这两个过程，让我们从定义系统开始。假设有一个离散时间系统，该系统接受白噪声输入，表示为 ϵ_i，$i = 1, \cdots, n$，其中 i 表示时间实例。让系统输出表示为 x_i，$i = 1, \cdots, n$。为了便于定义且不失一般性，我们假设所有这些变量都为数值型单变量。

11.3.1　自回归过程

自回归（Autoregressive，AR）过程是这样一种过程：系统的当前输出是一定数量先前输出的加权和的函数。我们可以使用已建立的符号定义 p 阶的自回归过程 AR(p) 为

$$x_i = \sum_{j=i-p}^{i-1} \alpha_j \cdot x_j + \epsilon_i \tag{11.1}$$

α_i 是实例 i 中 AR 过程的系数或参数，误差项为 ϵ_i。通常将误差项假定为白噪声。需要注意的是，根据设计，AR 过程不一定是平稳的。借助时间滞后算子 L 可以更有效地表示 AR 过程。该算子定义为

$$Lx_i = x_{i-1} \forall i \tag{11.2}$$

对于第 k 阶滞后，

$$L^k x_i = x_{i-k} \forall i \tag{11.3}$$

使用此算子，AR 模型现在可以定义为

$$\left(1 - \sum_{j=1}^{p} \alpha_j L^j\right) x_i = \epsilon_i \tag{11.4}$$

11.3.2　移动平均过程

移动平均（Moving Average，MA）过程在设计上总是平稳的。移动平均过程是这样一种过程：当前输出是默认白噪声过程的一定数量过去状态的移动平均。我们可以将 q 阶的移动平均过程 MA(q) 定义为

$$x_i = \epsilon_i + \beta_1 \epsilon_{i-1} + \cdots + \beta_q \epsilon_{i-q} \tag{11.5}$$

可以使用滞后算子表示为

$$x_i = \left(1 + \sum_{k=1}^{q} \beta_k \cdot L^k\right) \epsilon_i \tag{11.6}$$

β_i 是 MA 过程的系数或参数。

11.3.3　自回归移动平均过程

现在，我们可以将这两个过程合并为一个具有参数 p 和 q 的单一 ARMA(p, q) 过程

$$x_i = \alpha_1 x_{i-1} + \cdots + \alpha_p x_{i-p} + \epsilon_i + \beta_1 \epsilon_{i-1} + \cdots + \beta_q \epsilon_{i-q} \tag{11.7}$$

或者使用滞后算子表示为

$$\left(1 - \sum_{j=1}^{p} \alpha_j L^j\right) x_i = \left(1 + \sum_{j=1}^{q} \beta_j L^j\right) \epsilon_i \tag{11.8}$$

11.4　差分自回归移动平均模型

虽然 ARMA(p, q) 过程通常可以是非平稳的，但是它不能很好地对非平稳过程进行显式建模。这就是开发 ARIMA（Autoregressive Integrated Moving Average）过程的原因。附加的 Integrated 将差分项添加到方程中。顾名思义，差分运算计算输出的连续值之间的差值为

$$x_d(i)^1 = x(i) - x(i-1) \tag{11.9}$$

式（11.9）所示为一阶差分。离散时间的差分运算类似于连续时间的微分或导数运算。一阶差分可以使基于多项式的二阶非平稳过程变成平稳过程，就像对一个二阶多项式方程进行差分可以得到一个线性方程一样。具有较高多项式阶的非平稳过程需要更高阶差分才能转换为平稳过程。例如，二阶差分可以定义为

$$x_d(i)^2 = x_d(i)^1 - x_d(i-1)^1 \tag{11.10}$$

$$x_d(i)^2 = (x(i) - x(i-1)) - (x(i-1) - x(i-2)) \tag{11.11}$$

$$x_d(i)^2 = x(i) - 2x(i-1) + x(i-2) \tag{11.12}$$

等等。使用滞后算子可以将相同的差分运算写为

$$x_d(i)^1 = (1 - L)x_i \tag{11.13}$$

以及

$$x_d(i)^2 = (1 - L)^2 x_i \tag{11.14}$$

这可以很快地推广到任意阶 r，为

$$x_d(i)^r = (1 - L)^r x_i \tag{11.15}$$

现在，我们准备给出 ARIMA 过程的方程。ARIMA 过程在 AR 和 MA 操作的基础上加入了差分运算，并将与差分运算相关的参数设为 r。因此，ARIMA(p, q, r) 过程可以定义为

$$\left(1 - \sum_{j=1}^{p} \alpha_j L^j\right)(1-L)^r x_i = \left(1 + \sum_{j=1}^{q} \beta_j L^j\right)\epsilon_i \tag{11.16}$$

因此，ARIMA 过程推广了非平稳情况下的 ARMA 过程。当 r 值为 0 时，ARIMA 过程简化为 ARMA 过程。类似地，当 r 和 q 为 0 时，ARIMA 过程简化为 AR 过程；当 r 和 p 为 0 时，ARIMA 过程简化为 MA 过程，依此类推。

11.5 隐马尔可夫模型

在时间序列分析中，隐马尔可夫模型（Hidden Markov Model，HMM）代表了一种流行的生成建模工具。HMM 从统计信号处理中的马尔可夫过程演变而来。考虑一个统计过程，该过程生成一系列表示为 $y_1, y_2, \cdots, y_k$ 的观测值。如果当前观测值仅依赖于

先前的观测值并且独立于之前所有的观测值，则该过程称为马尔可夫过程。数学上它可以表述为

$$y_{k+1} = F(y_k) \tag{11.17}$$

其中 F 是概率马尔可夫函数。

在 HMM 中，还有一个附加的状态概念，见图 11.4。状态显示为 s_{k-1}、s_k 和 s_{k+1}，相应的结果或观测值显示为 y_{k-1}、y_k 和 y_{k+1}。这些状态遵循马尔可夫性质，使得每个状态都依赖于前一个状态。结果只是相应状态的概率函数。HMM 进一步假设，状态虽然存在，但对观察者是不可见的。观察者只能看到一系列的结果，但不能知道或看到正在产生这些结果的实际状态。数学上可以使用两个方程来表示

$$s_{k+1} = F_s(s_k) \tag{11.18}$$

其中 F_s 是状态转移的概率函数。

$$y_{k+1} = F_o(s_{k+1}) \tag{11.19}$$

其中 F_o 是观测值的概率函数。

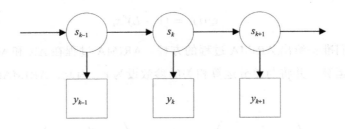

图 11.4   可以使用隐马尔可夫模型技术建模的状态和结果序列

考虑一个现实生活中的例子，三种不同的状态由三个骰子表示：红色、蓝色和绿色。每个骰子都有不同的偏差，以产生（1，2，3，4，5，6）的结果。状态转移概率由 $F_s(s_i / s_j)$ 给出，结果概率由 $F_o(s_i / o_j)$ 给出。图 11.5 显示了模型的细节。

一旦使用 HMM 对给定问题进行建模，就有各种技术可以使用训练数据来解决优化问题，并预测所有的转移和结果概率[41]。

应用

HMM 已被广泛用于解决自然语言处理中的问题，并取得了显著成功。例如词性（POS）标注、语音识别、机器翻译等。作为一般的时间序列分析问题，它们也被用于财务分析、基因测序等。它们还被用于图像处理应用中的某些修改，如手写识别。

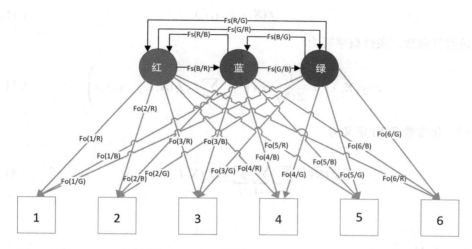

图 11.5 显示一个完整的隐马尔可夫模型，其中三种状态为三个不同的骰子：红
色、蓝色、绿色以及六种结果为 1、2、3、4、5、6

11.6 条件随机场

条件随机场或 CRF（Conditional Random Field）代表一种判别式建模工具，而
HMM 是一种生成工具。CRF 由 Lafferty 等人[69]于 2001 年提出。尽管 CRF 有着根本
不同的视角，但它们与 HMM 共享一个重要的架构。在某些方面，CRF 可以被认为是
HMM 和逻辑回归的推广。由于生成模型通常试图对每个参与类的结构和分布进行建
模，而判别模型试图对类之间的判别属性或类之间的边界进行建模。由于 HMM 首先
尝试对状态转移概率进行建模，然后基于状态对结果或观测概率进行建模，CRF 直接尝
试根据相似隐藏状态的假设对观测的条件概率进行建模。CRF 的基本函数可以表示为

$$\hat{y} = \arg\max y P(y/\boldsymbol{X}) \tag{11.20}$$

为了对顺序输入和状态进行建模，CRF 引入了特征函数。特征函数基于如下四个
实体进行定义：

1. 输入向量 $\boldsymbol{X}$。

2. 正在预测的数据点的实例 i。

3. 第（$i-1$）个实例 l_{i-1} 处数据点的标签。

4. 第（i）个实例 l_i 处数据点的标签。

然后将该函数表示为

$$f(\mathbf{X}, i, l_{i-1}, l_i) \tag{11.21}$$

使用该特征函数，条件概率写为

$$P(y/\mathbf{X}, \lambda) = \frac{1}{Z(\mathbf{X})} \exp\left(\sum_{i=1}^{n}\sum_{j}\lambda_j f_i(\mathbf{X}, i, y_{i-1}, y_i)\right) \tag{11.22}$$

其中归一化常数 $Z(\mathbf{X})$ 定义为

$$Z(\mathbf{X}) = \sum_{\hat{y}\in y}\sum_{i=1}^{n}\sum_{j}\lambda_j f_i(\mathbf{X}, i, \hat{y_{i-1}}, \hat{y_i}) \tag{11.23}$$

11.7　小结

　　时间序列分析是机器学习领域中一个有趣的领域，它处理随时间变化的数据。设计时间序列管道的整个思维过程与我们在前几章研究的所有静态模型中使用的过程是完全不同的。在本章中，我们研究了平稳性的概念，然后采用多种不同的技术来分析和建模时间序列数据，以产生见解。

深 度 学 习

12.1 引言

1995 年，Vladimir Vapnik 在他的著名著作《统计学习理论的本质》[37] 中指出学习理论领域的四个历史时期是：

1. 构建第一台学习机。

2. 构建理论基础。

3. 构建神经网络。

4. 构建神经网络的替代方案。

第四个时期的存在就是神经网络的失败。Vapnik 和其他人提出了神经网络的各种替代方法，这些方法在技术上更可行，在解决当时的问题上更有效，因而神经网络慢慢成了历史。但是，随着现代技术的进步，神经网络又回来了，我们正处在第五个历史时期："神经网络的重生"。

自重生以来，神经网络被重新命名为深度神经网络或简称为深度网络。这种学习过程被称为深度学习。但是，深度学习可能是最广泛使用和滥用的术语之一。从一开始就没有足够的成功案例来支持过度炒作的神经网络概念。结果，它们被更有针对性的机器学习技术所取代，这些技术显示了立竿见影的成功，例如，演化算法、动态规划、支持向量机等。神经网络或人工神经网络（ANN，Artificial Neural Network）的概念很简单：复制由连接的神经元网络组成的人脑的处理方法。人工神经网络被提出作为任何类型学习问题的通用解决方案，就像人脑能够学习解决任何问题一样。唯一的障碍是，当时的处理器体系结构和制造过程还不够成熟，无法解决真实模拟人脑所需的庞大处理过程。人脑平均有大约 1000 亿个神经元和超过 1000 万亿个突触连接 [1]！这可以与一个处理器相比，该处理器具有超过 1000 亿兆硬盘驱动器支持的万亿次计算 / 秒的处理能力。即使在公元 2018 年，这种配置对于单台计算机来说也是令人难以置信的[⊖]。人工神经网络的通用学习只有在使用足够的数据进行训练，然后再进行相应的计算后，才能收敛到足够的准确率。它只是超出了 20 世纪 90 年代技术的范围，因此无法实现该技术的全部潜力。

随着 NVIDIA 以 CUDA 库的形式流行的基于图形处理器的计算（称为通用图形处理单元或 GPGPU，General Purpose Graphics Processing Unit）的出现，该技术开始接近实现人工神经网络的潜力。但是，由于与原始神经网络相关联的污名，新引入的神经网络称为深度神经网络（DNN，Deep Neural Network），机器学习过程称为深度学习。从本质上讲，20 世纪 90 年代的人工神经网络和 21 世纪的深度网络之间没有根本区别。但是，当人们谈论深度网络时，通常会假设存在更多差异。原始的人工神经网络主要用于解决数据量很小、应用范围很窄的问题，并且最多由少量节点和 1 ~ 3 层神经元组成。基于硬件限制，这是所有可以实现的。深度网络通常每层包含数百到数千个节点，并且层数很容易超过 10。随着数量级复杂性的增加，优化算法也发生了巨大的变化。优化算法的一个根本变化是大量使用并行计算。由于 GPGPU 提供了数百甚至数千个可以并行使用的内核，因此提高计算性能的唯一方法是并行化深度网络的训练优化^[2]。深度学习框架不局限于监督学习，一些无监督问题也可以用这种技术解决。

12.2   现代深度学习的起源

尽管计算硬件的进步使深度学习的现状成为可能，但是在成功使用这些资源并收敛到最优解所需的优化算法上已经付出了很多努力。很难说是谁发明了深度学习，但是有几个人贡献巨大。Geoffrey Hinton 的开创性论文 " A fast learning algorithm for deep belief networks " ^[54] 真正开启了深度学习时代。深度学习的一些早期应用是在声学、语音建模以及图像识别领域。参考文献 [53] 简要总结了我们今天所看到的深度学习发展的步骤。通常，当提到深度学习或深度网络时，它们要么属于卷积网络，要么属于循环网络或其变体。令人惊讶的是，这两个概念都是在深度学习之前发明的。Fukushima 早在 1980 年就提出了卷积网络^[55]，而 Michael Jordan 在 1986 年提出了循环神经网络^[56]。

在以下各节中，我们将讨论卷积和循环深度神经网络的架构。

⊖   世界上最快的超级计算机的速度为每秒 20 亿亿（即 2×10^{17}）次计算。它由 250 PB 或 250 000 TB 的存储空间支持。因此，它的性能明显优于单个人脑，但代价是消耗 13 兆瓦的电力，并占用一栋巨大办公楼的整个楼层^[18]。

12.3 卷积神经网络

卷积神经网络（CNN，Convolutional Neural Network）基于卷积运算。该操作源于信号处理，在深入探讨 CNN 的细节之前，让我们看一下卷积过程本身。

12.3.1 一维卷积

在数学上，卷积定义了一个实值函数对另一个实值函数进行运算以产生新的实值函数的过程。设一个实值连续函数为 $f(t)$，另一个为 $g(t)$，其中 t 表示连续时间。令两者的卷积表示为 $s(t)$。卷积运算通常表示为 *。

$$f(t) * g(t) = (f * g)(t) = \int_{-\infty}^{\infty} f(\tau)g(t - \tau)\mathrm{d}\tau \tag{12.1}$$

另外，卷积是一种交换运算，$(f * g)$ 与 $(g * f)$ 相同，

$$(f * g)(t) = (g * f)(t) = \int_{-\infty}^{\infty} g(\tau)f(t - \tau)\mathrm{d}\tau \tag{12.2}$$

同样的方程也可以用于离散过程，我们通常在机器学习应用中处理这些过程。这两个方程的离散对应项可以写成 $f(k)$ 和 $g(k)$，其中 k 表示时间的离散实例。

$$f(k) * g(k) = (f * g)(k) = \sum_{\delta=-\infty}^{\infty} f(\delta)g(k - \delta) \tag{12.3}$$

以及

$$(f * g)(k) = (g * f)(k) = \sum_{\delta=-\infty}^{\infty} g(\delta)f(k - \delta) \tag{12.4}$$

这些定义与两个函数之间相关性的定义非常相似。但是，这里的关键区别在于离散卷积情况下的 δ 符号和连续卷积情况下的 τ 符号在 f 与 g 之间是相反的。如果符号翻转，则相同的方程式将表示相关运算。符号反转使一个函数在与另一个函数相乘（逐点）之前在时间上反转。这种时间反转具有深远的影响，卷积的结果与相关的结果完全不同。从频域傅立叶变换 [8] 的角度来看，卷积还具有非常有趣的性质，在信号处理应用中得到了广泛的应用。

12.3.2 二维卷积

以上方程式表示一维卷积。这通常用于信号为一维的语音应用中。卷积的概念也可以应用于二维，这使得它适合于图像上的应用。为了定义二维卷积，让我们考虑两

个图像 A 和 B。现在可以将二维卷积定义为

$$(A * B)(i, j) = \sum_m \sum_n A(m, n)B(i - m, j - n) \quad (12.5)$$

通常，与第一个图像 A 相比，第二个图像 B 是一个小的二维核。卷积运算将原始图像转换为另一个图像，以某种期望的方式增强图像。

12.3.3　CNN 的架构

图 12.1 显示了 CNN 的架构。CNN 的构建块由三个单元组成：

- 卷积层
- 修正线性单元，也称为 ReLU（Rectified Linear Unit）
- 池化层

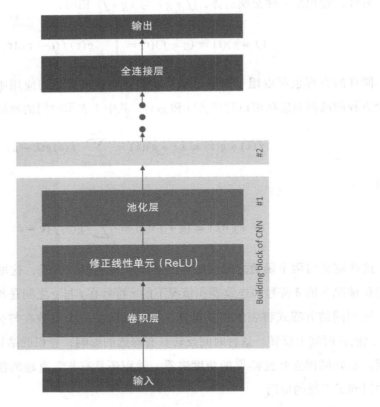

图 12.1　卷积神经网络的架构。该网络的构建块包含卷积层、ReLU 和池化层。一个 CNN 可以串联多个这样的层。然后是一个生成输出的全连接层

12.3.3.1 卷积层

卷积层由一系列二维核组成。使用式（12.5）中定义的二维卷积将这些核中的每一个应用于原始图形。这将生成三维输出。

12.3.3.2 ReLU

顾名思义，ReLU 对卷积层的输出进行校正，以将所有的负值都转换为 0。该函数定义为

$$f(x) = \max(0, x) \qquad (12.6)$$

ReLU 函数如图 12.2 所示。该层还将非线性引入网络中，否则网络是线性的。该层不会改变数据的维数。早期使用 Sigmoid 或 tanh 函数以更连续的方式对非线性进行建模，但是我们观察到使用更简单的 ReLU 函数同样有效，并且它还提高了模型的计算速度，同时解决了梯度消失问题 [57]。

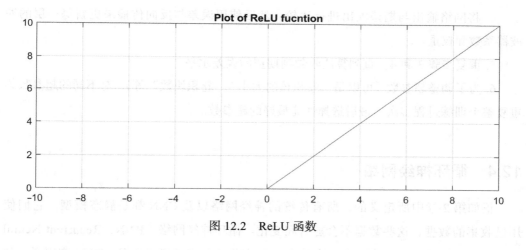

图 12.2　ReLU 函数

12.3.3.3 池化层

池化层通过用单个值替换较大的块来执行向下采样。最常用的池化方法称为最大池化。在这种方法中，仅使用块的最大值来替换整个块。该层大大降低了流经网络的数据的维数，同时仍然保留了由于卷积运算而捕获的重要信息。该层还减少了过度拟合。

这三层共同构成了 CNN 的基本构建块。在单个 CNN 中可以使用多个这样的块。

12.3.3.4 全连接层

前面描述的层基本上针对输入的某些空间部分，并使用卷积核对它们进行转换。全连接层以传统的 MLP 方式将这些信息汇集在一起，以生成所需的输出。它通常使用

softmax 激活函数作为附加步骤来归一化输出。设 softmax 的输入为维数为 n 的向量 y。softmax 函数定义为

$$\sigma(y)_j = \frac{e^{y_j}}{\sum_{i=1}^{n} e^{y_i}} \qquad (12.7)$$

softmax 函数对输出进行归一化，使其总和为 1。

12.3.4　训练 CNN

CNN 通常使用随机梯度下降算法进行训练。以下是主要步骤：

1. 收集足够的带标记的训练数据。

2. 初始化卷积滤波器系数的权重。

3. 选择单个随机样本或小批量样本，通过网络传递并生成输出（分类时为类别标签，回归时为实值）。

4. 将网络输出与期望输出进行比较，然后使用误差与反向传播来更新每一层的滤波器系数和权重。

5. 重复步骤 3 和 4，直到算法收敛到期望的误差水平。

6. 为了调整超参数（可以是"卷积核的大小""卷积块数"等），对不同的超参数集重复整个训练过程多次，最后选择性能最好的超参数。

12.4　循环神经网络

正如第 2 章中所定义的，所有传统的神经网络以及 CNN 都是静态模型。它们使用已收集的数据，这些数据不会随时间变化。循环神经网络（RNN, Recurrent Neural Network）提出了一个框架，用于处理随时间变化的动态或序列数据。RNN 表现了一种状态的概念，它是时间的函数。经典的 RNN 有时称为全循环网络，其架构与 MLP 非常相似，但是增加了当前状态的反馈，如图 12.3 所示。因此，RNN 的输出可以表示为

$$y_t = f_y(V \cdot H_t) \qquad (12.8)$$

RNN 的状态在每个时间实例中使用输入和先前的状态进行更新，如下所示

$$H_t = f_H(U \cdot X_t + W \cdot H_{t-1}) \qquad (12.9)$$

RNN 的训练使用已知输出序列的带标记的输入序列，以类似的方式使用反向传播进行。

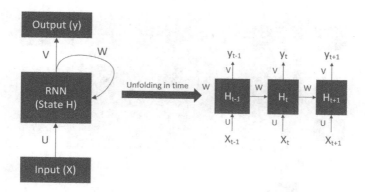

图 12.3 经典或全循环 RNN 的架构。时间展开示意图显示了如何根据序列输入更新 RNN 的状态

12.4.1 RNN 的局限性

RNN 成功地对时间序列数据进行了建模，而这些数据无法使用处理静态数据的传统神经网络进行建模。但是，当要分析的数据序列较长且具有变化趋势和季节性时，由于梯度爆炸、消失或权重振荡等问题，RNN 无法适应这些条件[58]。在消耗了一定数量的样本之后，学习算法似乎达到了一个极限，并且此后的任何更新都是微不足道的，并没有真正改变网络的行为。在某些情况下，由于训练样本变化的高度波动性，网络的权重保持振荡并且不会收敛。

12.4.2 长短期记忆 RNN

Hochreiter 和 Schmidhuber 以长短期记忆 RNN（LSTM-RNN，Long Short-Term Memory RNN）的形式，提出了对标准 RNN 架构的改进。该架构改进了 RNN，以克服 12.4.1 节中讨论的大部分局限性。这种架构带来的根本变化是遗忘门的使用。LSTM-RNN 具有 RNN 的所有优点，并大大减少了局限性。因此，大多数现代 RNN 应用都基于 LSTM 架构。图 12.4 显示了 LSTM-RNN 的组件。该架构相当复杂，具有多个门控操作。为了了解完整的操作，让我们更深入地研究信号流。S_t 表示时间 t 处 LSTM 的状态。y_t 表示时间 t 处 LSTM 的输出。X_t 表示时间 t 处的输入向量。σ_1、σ_2 和 σ_3 分别表示遗忘门、输入门和输出门。让我们看看每个门的操作。

12.4.2.1 遗忘门

在遗忘门，输入与先前的输出相结合，生成一个介于 0 和 1 之间的分数，该分数决定需要保留多少先前的状态（或者换句话说，应该遗忘多少状态）。然后将该输出与先前的状态相乘。

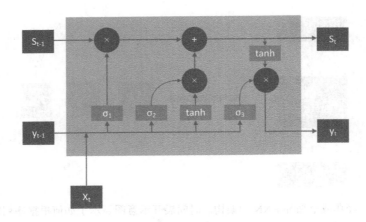

图 12.4 LSTM-RNN 的架构。σ_1 表示遗忘门，σ_2 表示输入门，σ_3 表示输出门

12.4.2.2 输入门

输入门与遗忘门作用于相同的信号，但是这里的目标是决定哪些新信息将进入 LSTM 的状态。输入门的输出（同样是介于 0 和 1 之间的分数）与 tanh 块的输出相乘，该 tanh 块产生必须添加到先前状态的新值。然后将该门控向量添加到先前的状态以生成当前状态。

12.4.2.3 输出门

在输出门，输入和先前的状态进行门控，以生成另一个缩放分数，该分数与带来当前状态的 tanh 块的输出相结合。然后给出该输出。如图 12.4 所示，该输出和状态被反馈到 LSTM 块中。

12.4.3 LSTM 的优点

LSTM 的特定门控架构旨在改进经典 RNN 的以下所有缺点：

1. 避免梯度爆炸和消失，特别是在开始时使用遗忘门。

2. 随着学习数据中的新趋势可以保存长期记忆。这是通过门控和保持状态作为单独信号的组合来实现的。

3. 不需要关于状态的先验信息，模型能够从默认值中学习。

4. 与其他深度学习架构不同，模型优化不需要调整太多的超参数。

12.4.4 LSTM-RNN 的研究现状

LSTM 是机器学习前沿的重要领域之一，该模型的许多新变体已被提出，包括双向 LSTM、连续时间 LSTM、分层 LSTM 等。

12.5 小结

在本章中，我们研究了深度学习技术。该理论建立在经典感知器或单层神经网络的基础上，在有足够训练数据的情况下，增加了更多复杂性来解决不同类型的问题。我们以卷积神经网络和循环神经网络的形式研究了两种具体应用。

机器学习的新兴趋势

13.1 引言

在 21 世纪的第二个十年，机器学习领域取得了巨大的进步，相比之下，它在过去几十年里的发展缓慢得多。深度学习无疑是这种爆炸性增长的核心。然而，有许多新的方法和技术已经浮出水面，如果不对其进行讨论，本书的主题将仍未完成。这些技术大多数还处于起步阶段，但已显示出令人满意的结果，而有些技术已经成熟。这里的讨论对于介绍这些技术是相当肤浅的。为了有更深的理解，本书提供了参考文献。

13.2 迁移学习

机器学习过程在数学上可以以方程的形式表示。但是，学习一个特定系统，尤其是深度学习系统的中间阶段无法用语言来表达或解释。在训练过程中，某些变量的值发生了很大变化，或者产生了一些新的变量。这种参数的学习是相当抽象的。当某些事物不能用语言表达时，就很难解释。没有解释，就很难翻译。但是，在许多情况下，从一个问题中学到的知识对于解决表面上完全不同的其他问题可能非常有用。或者在其他一些情况下，我们使用在一个领域中得到有效训练的系统（例如，用英语语言训练过的 NLP 系统），需要适应另一个类似领域中的工作，那里没有足够的训练数据（例如，一些非洲语言）可用。这是人脑的一个关键方面，它在适应这些领域方面非常聪明。我们经常从一种经验的抽象学习应用到另一种经验中，甚至没有意识到它的复杂性。迁移学习技术（有时也称为领域适应）试图模仿人脑的这种特性，将学习从一个深度网络系统迁移到另一个系统中 [36, 70]，尽管它们是抽象的。特别是随着深度学习的普及，这个主题越来越受到关注。

13.3　生成对抗网络

我们在第 8 章中讨论了生成模型。生成模型通过尝试对数据的结构和分布进行建模，通常采用更全面的方法来理解和解决问题。生成对抗网络（Generative Adversarial Network，GAN）是两种神经网络的组合，其名称为生成网络和对抗网络。生成网络设计为模拟生成样本数据的过程，而对抗网络是一种判别网络，用于检查生成网络生成的数据是否属于期望的类别。因此，这两种网络一起工作可以生成任何类型的合成数据。为了更好地理解 GAN 的架构，让我们以图像合成为例。我们想要生成的人脸图像看起来像真实的人脸，但完全是计算机生成的。图 13.1 显示了用于解决此问题的 GAN 架构。生成网络作为随机噪声输入，以生成合成人脸。通过判别网络将生成的人脸与真实人脸图像数据库进行比较，以生成分类。将判别网络的输出反馈以训练这两种网络。有了足够大的人脸图像标记数据库，两种网络都可以训练。一旦对该系统进行了训练，它就能够人工生成类似人类的脸。GAN 代表了机器学习领域中最新的发现之一，特别是 2014 年由 Goodfellow 等人 [43] 引入的深度学习领域。

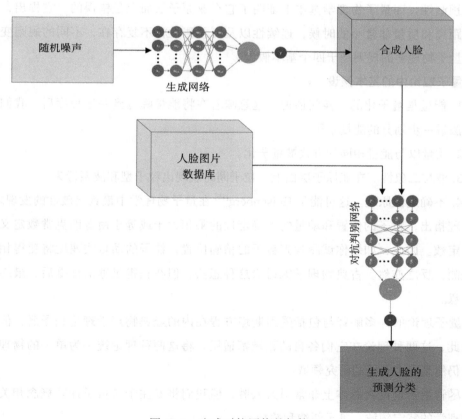

图 13.1　生成对抗网络的架构

13.4   量子计算

自 19 世纪 80 年代初以来，量子计算一直被视为超快速计算的潜在来源。1959 年，诺贝尔奖获得者理查德·费曼（Richard Feynman）教授在年度物理学会会议上的演讲中暗示了基于量子纠缠的量子计算的可能性。然而，这种想法被忽视了几十年。20 世纪 80 年代，Beniof[61] 和 Manin[14] 同时发表的论文标志着量子计算的开始。PC 或 Mac 或所有移动设备以及 GPU 核心的传统计算芯片是由硅制成的，具有各种不同的制造工艺。因此，它们都具有不同的体系结构和功耗级别，核心都是建立在相同类型的硬件上。量子计算机引入了一种全新的计算设备，它基于亚原子粒子的量子特性。具体来说，是量子纠缠和叠加。

13.4.1   量子理论

一般来说，物理学中的量子理论在 20 世纪引入了一些基本的新方法来思考亚原子粒子的相互作用。经典物理学总是依赖于在质量、空间和时间的所有层面上的连续性和可预测性，而量子物理学基本上证明了它在亚原子层面上是错误的。它提出，当处理的距离和质量非常小的时候，连续性以及可预测性将不复存在，不同的规则变得适用。量子物理学的规则基于四个基本假设。

量子理论中的基本假设

1. 能量是量子化的。换句话说，这意味着在将能量降低到一定程度后，我们达到了无法进一步划分的能量量子。

2. 质量以与能量相同的方式被量子化。

3. 波粒二象性。在亚原子层面上，粒子同时表现出粒子型和波型行为。

4. 不确定性原理。这可能是 Heisenberg[15] 在量子物理学中最具突破性的发现之一。该原理指出，粒子的位置和动量的不确定性的乘积大于或等于由普朗克常数定义的一个固定数。因此，如果你试图找到粒子的精确位置，粒子的动量或速度将变得相当不可预测，反之亦然。古典物理学家讨厌这种想法，但在获得足够的证据后，最终不得不同意。

量子理论的许多解释与包括爱因斯坦方程在内的经典物理学理论相矛盾，但是尽管如此，这两种理论在它们各自的领域都适用。将这两种理论统一为单一的物理学大理论仍然是一个活跃的研究领域。

尽管量子理论在总体上非常引人入胜，但我们将专注于与量子计算概念相关的量子物理学的特定领域：量子纠缠和叠加。

13.4.2 量子纠缠

量子纠缠可以简单地描述为两个粒子或一组可能被大距离⊖分离的粒子在动量、自旋等物理性质上表现出相关性的现象。这些粒子被称为处于纠缠状态。尽管如果将这种行为应用于大型物体，可能会导致无休止的一系列悖论，但亚原子粒子（例如光子、电子、中微子）的量子纠缠已经被证明是毋庸置疑的 [16]。

13.4.3 量子叠加

量子叠加是对偶原理的直接含义。由于在经典物理学中可以相加或叠加两个波，在量子力学中，两个粒子的量子态可以叠加。因此，亚原子粒子的任何量子态都可以表示为两个或多个量子态的线性组合 [17]。

13.4.4 量子粒子计算

由于传统计算机将最小的信息块作为位（可以具有二进制值 0 或 1）来处理，因此量子计算机中最小的信息块称为量子位或量子比特。每个量子位表示为亚原子粒子的量子态。通过量子叠加，一台 n 位的量子计算机可以同时表示 2^n 个 n 位数字，而一台 n 位的传统计算机只能表示一个这样的数字。量子纠缠可以控制不同的量子粒子，从而驱动量子计算机根据需要同步改变它们的状态。利用这些特性，量子计算机可以在前所未有的水平上计算并行运算。但是，这种方法并不能真正受益于需要很长时间循序计算的问题。另外，理论上增加更多的量子位可以任意增加量子计算机的并行计算能力，但存在很多实际的局限性限制了量子计算的范围。然而，假设以某种方式克服了这些局限性，量子计算机将把机器学习应用推向更高的水平，人们现在只能梦想着。

13.5 自动机器学习

自动机器学习是机器学习和人工智能领域的另一个新兴趋势。顾名思义，它意味着任何问题机器学习的自动化。我们已经研究了构建成功的机器学习管道以解决手头给定问题所需的一系列连续步骤。这个序列中的相当多的步骤需要该问题的领域知识以及所使用算法的理论基础。这种独特的经验组合通常很难获得资源。自动机器学习 [31] 概念试图通过在机器学习系统之上构建一个机器学习系统，使机器学习问题的整个流程自

⊖ 量子环境中的大距离意味着足够长的距离，光需要花费相当长的时间才能走完该距离。显著的时间意味着数秒或可以由超越统计不确定性的现代计时设备准确测量的时间。

动化。如果按照其宏伟的灵感成功实施，自动机器学习有望构建一个完整的机器学习管道并自动对其进行优化。

自动机器学习的概念还处于起步阶段，是研究的一个热门话题。自动化的主要领域可以分为以下几类。

自动机器学习下的自动化领域

1. 自动化特征工程。一旦收集了所有的原始数据，并以期望的指标形式定义了目标问题，自动机器学习系统将自动执行合适的、最优的特征选择或转换，以达到最佳的结果。

2. 自动化算法的选择。例如，如果我们试图解决一个需要将多类别分类作为主要底层模型的问题，那么自动机器学习系统将能够自动迭代某些预定义的算法，如决策树、神经网络或支持向量机，并提出最合适的算法。

3. 自动化超参数调整。当算法被自动选择时，自动机器学习系统可以通过自动初始化超参数，然后自动定义最优参数网格，并为算法找到最优超参数集来进一步完善算法。

4. 自动化系统优化。通过评估调整后的模型的结果，自动机器学习系统可以根据需要对其进行迭代，然后针对给定的硬件资源优化系统的性能。

这些主题中的每个主题本身都是一个雄心勃勃的目标，目前没有可用的系统声称已经解决了其中任何一个问题，达到了足够的性能水平。然而，该领域的进展是相当令人兴奋的，看起来很有希望[32]。

13.6 小结

在本章中，我们研究了机器学习领域的一些新兴趋势。这个列表只是冰山一角，机器学习理论正沿着各种不同的维度爆炸式增长。不过，这里列出的一些概念可以让读者对即将发生的事情有所了解。

无监督学习

14.1 引言

无监督学习方法处理标记数据不可用的问题。对于发生的处理过程，没有任何形式的监督反馈可以获取。没有标记的样本，标志着与书中迄今为止讨论的其他监督方法发生了思想的根本性的转变。认为这种处理可能不会产生任何有用的信息是大错特错的。在很多情况下，无监督方法是非常有价值的。首先是标记的成本。在许多情况下，对所有训练数据进行完全标记可能是相当昂贵的，实际上是不可能的，而且只需要处理少量标记的数据。在这种情况下，可以从使用少量标记数据的监督方法开始，然后在更大的数据集上以无监督的方式扩展模型。在其他情况下，标记可能根本不可用，需要通过进行探索性的无监督分析来了解数据的结构和组成。在最终使用监督方法的情况下，了解数据的结构还有助于选择正确的算法，或者为算法选择更好的初始化参数集。总的来说，无监督学习是现代机器学习的一个重要支柱。

在本章中，我们将了解无监督学习的以下方面：

- 聚类
- 成分分析
- 自组织映射（SOM）
- 自动编码神经网络

14.2 聚类

聚类本质上是以组的形式聚集样本。用于决定组成员的标准是通过使用某种形式的度量或距离来确定的。聚类是机器学习领域中最古老的方法之一，文献中描述了许多方法。我们将重点介绍一种简单但非常有效的方法，该方法借助某些修改可以解决广泛的聚类问题。它称为 k 均值聚类。变量 k 表示簇的数目。该方法期望用户在开始应用算法之前确定 k 的值。

14.2.1 k 均值聚类

图 14.1 显示了聚类情况下遇到的两种极端情况的示例：在上方的图中，数据自然地分布在独立的、不重叠的簇中，而下方的图则显示了数据没有自然分离的情况。实践中遇到的大多数情况介于两者之间。

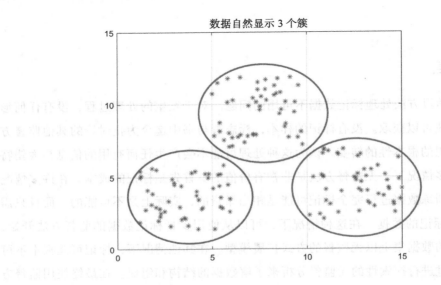

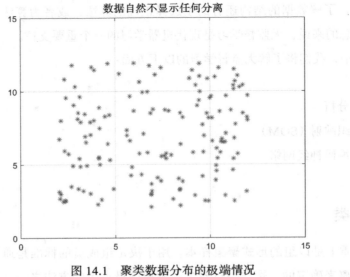

图 14.1 聚类数据分布的极端情况

k 均值聚类算法可以总结如下:

1. 从默认值 k 开始,k 是给定数据中要查找的簇数。

2. 将 k 个聚类中心随机初始化为训练数据中的 k 个样本,使其不存在重复。

3. 根据选择的距离度量,将每个训练样本分配给 k 个聚类中心之一。

4. 创建簇之后,将每个聚类中心更新为该簇中所有样本的平均值。

5. 重复步骤 2 ~ 4,直到聚类中心没有变化。

算法中使用的距离度量通常是欧几里得距离。但是,在某些情况下,根据手头的问题,可以使用不同的度量标准,如马氏(Mahalanobis)距离、闵可夫斯基(Minkowski)距离或曼哈顿(Manhattan)距离。

图 14.2 显示了算法在中间阶段收敛到所需的簇。这是一种理想的情况。在大多数实际情况下,当簇没有很好地分离,或者自然出现的簇的数目与 k 的初始值不同时,

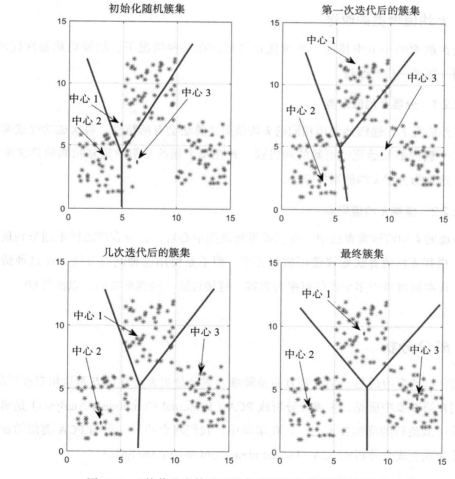

图 14.2 k 均值聚类算法迭代各步骤以收敛到所需的簇的过程

则算法可能不会收敛。在后续迭代中，簇中心可以在两个不同的值之间保持振荡，或者不断地从一组簇转移到另一组簇。在这种情况下，文献 [42] 提出了算法的多重优化。一些常用的优化如下：

k 均值聚类的优化

1. 将停止标准从绝对的"无变化"更改为簇中心，以允许簇中的微小变化。

2. 将迭代次数限制为最大迭代次数。

3. 查找每个簇中的样本数，如果样本数小于某个阈值，则删除该簇并重复该过程。

4. 找到簇内距离和簇间距离，如果两个簇相对于其他簇太近，则合并它们并重复该过程。

5. 如果某些簇变得太大，则在一个簇中应用最大样本数阈值，并将该簇划分为两个或多个簇，然后重复该过程。

14.2.2　k 均值聚类的改进

即使在前面的小节中描述了多重优化之后，在某些情况下，结果仍然是次优的，可以应用一些进一步的改进。

14.2.2.1　分层 k 均值聚类

在某些情况下，递归地使用相同的 k 均值聚类算法会有所帮助。每次成功完成聚类后，在每个簇内部初始化一组新的随机簇，并在每个簇的子集中重复相同的算法来查找子簇。这称为分层 k 均值聚类方法。

14.2.2.2　模糊 k 均值聚类

在传统的 k 均值聚类算法中，选择或更新聚类中心后，将所有训练样本划分到最近的簇中。模糊 k 均值算法建议使用概率分组，而不是使用这种绝对分组。在这种情况下，每个样本同时属于多个簇的概率为非零。越接近簇，则概率越高，以此类推。

14.3　成分分析

无监督机器学习的另一个重要方面是降维。成分分析方法在这方面是相当有效的。正如我们在第 3 章中所见，主成分分析或 PCA（Principal Component Analysis）是机器学习理论中最流行的降维技术之一。在本章中，我们将介绍另一种与 PCA 类似的重要技术，称为独立成分分析或 ICA（Independent Component Analysis）。

独立成分分析（ICA）

虽然 PCA 和 ICA 都是提取数据核心维度的生成方法，但它们在基本假设上是不同的。PCA 利用数据中的变化，并试图对其进行建模，以找出变化最大的排序维度。使用矩阵代数和奇异值分解（SVD，Singular Value Decomposition）工具来寻找这些维度。ICA 通过假设给定的数据是由独立成分的有限集的组合生成的，采用了一种非常不同且更具概率的方法来查找数据中的核心维度。这些独立成分不是直接可观察到的，因此有时称为潜在成分。数学上，对于给定的数据 (x_i), $i = 1, 2, \cdots, n$，可以将 ICA 定义为

$$x_i = \sum_{j=1}^{k} a_j s_j, \forall i \qquad (14.1)$$

其中，a_j 表示 s_j 个独立成分相应的 k 个数的权重。查找 a_j 值的代价函数通常基于互信息。选择成分的基本假设是，它们应该与非高斯分布在统计上是独立的。从概念上讲，寻找 ICA 的过程与统计学中的盲源分离问题非常相似。通常，为了使预测更稳健，在式（14.1）中加入了一个噪声项。

14.4 自组织映射

自组织映射，也称为自组织特征映射，是一种基于神经网络的无监督学习系统，与之前讨论的其他方法不同。神经网络本质上是监督的学习方法，因此从这种意义上讲，将它们用于无监督类方法是相当新颖的。SOM 定义了一种基于邻域相似性的不同类型的代价函数。这里的想法是保持数据的拓扑分布，同时有效地以较小的维度表示数据。为了说明 SOM 的功能，举一个实际的例子是很有用的。图 14.3 中的顶部图显示了三维分布的数据。这是综合生成的具有理想分布的数据，以说明这一概念。数据本质上是一个折叠成三维的二维平面。SOM 将该平面展开回二维，如底部图所示。通过这种展开，原始分布的拓扑行为仍然得以保留。在原始分布中相邻的所有样本仍然是相邻的。同样，不同点之间的相对距离也以此顺序保留。

SOM 代价函数优化的数学细节可以在文献 [34] 中找到。由 SOM 生成的表示是非常有用的，并且通常比 PCA 分析预测的第一主成分更好。然而，PCA 还提供了多个后续成分，以根据需要完整地描述数据中的变化，而 SOM 缺乏这种能力。但是，如果只对数据的有效表示感兴趣，SOM 提供了一种强大的工具。

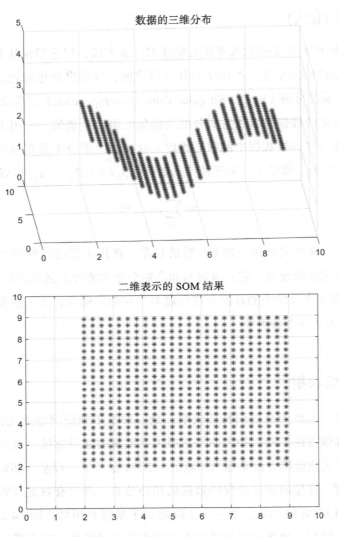

图 14.3　数据的原始三维分布及其由 SOM 生成的二维表示。

SOM 本质上是将折叠的三维空间展开为二维空间

14.5　自动编码神经网络

　　自动编码神经网络或仅仅是自动编码器，是一种无须任何标签即可工作的神经网络，属于无监督学习类别。图 14.4 展示了自动编码神经网络的架构。有与输入维数匹配的输入层、具有降维特性的隐藏层，然后是与输入具有相同维数的输出层。这里的目标是在输出阶段重新生成输入。训练网络以在输出层重新生成输入。因此，标签本质上与输入相同。自动编码网络的独特之处在于降低了隐藏层的维数。如果自动编码网络在所需的误差范围内被成功地训练，那么本质上我们将在低维空间中以隐藏层节点系数的形式表示输入。此外，隐藏层的维数是可编程的。通常，使用线性激活函数，由自动编码网络生成的较低维数表示类似于从 PCA 获得的降维。

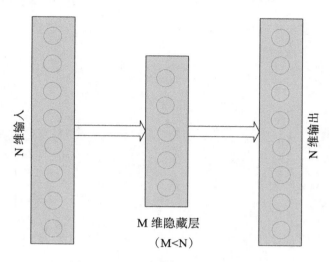

图 14.4 自动编码神经网络的架构

14.6 小结

在本章中，我们讨论了机器学习文献中称为无监督学习的新型算法。这些算法的特点是在没有可用标记数据的情况下进行学习。这些算法属于生成类模型，在许多应用中得到广泛使用。

构建端到端管道

David：这是真的还是游戏？

Joshua aka WOPR：有什么区别？

——David 和超级计算机 Joshua aka WOPR 之间的对话，《战争游戏》

简要介绍

使用机器学习技术构建问题的完整解决方案需要将多个组件按顺序链连接在一起，这些组件依次对数据进行操作，以最终产生所需的结果。在这一部分中，我们将讨论使用上一节中描述的算法构建端到端机器学习管道的细节。

特 征 化

15.1 引言

构建端到端机器学习系统是本部分的主题。特征化或特征工程或特征争论通常是此过程的第一步。虽然人脑处理非数字信息通常和处理纯数字信息的能力不相上下，但计算机只能处理数字信息。特征工程的一个基本方面是将所有不同的特征转换为某种形式的数值特征。但是，可以想象该过程并不简单。为了说明这个过程，让我们考虑一个示例问题。

15.2 UCI：成人工资预测器

UCI 机器学习库是机器学习中发现样本问题的知名资源之一。它包含多个针对各种不同问题的数据集。我们将使用在那里列出的称为成人数据集[6]的问题。该数据集包含具有从构建端到端解决方案的角度提出多重挑战的特征的多元数据。这里提供的数据包含人口普查收集的有关不同工薪阶层、年龄组、地点等人员的工资信息。目标是预测工资，特别是预测工资大于 5 万美元 / 年和小于 5 万美元 / 年之间的二元分类。这是一个满足我们需求的很好的代表集。

为了了解特征化管道中每个步骤的详细信息，以下是复制的该数据集中给出的特征的详细信息，以供参考。

特征详细信息

1. 年龄（age）：连续的。

2. 工薪阶层（workclass）：私有的（Private）、自营非公司（Self-emp-not-inc）、自营公司（Self-emp-inc）、联邦政府（Federal-gov）、地方政府（Local-gov）、州政府（State-

gov）、无薪（Without-pay）、从未工作过的（Never-worked）。

   3. fnlwgt：连续的。

   4. 学历（education）：学士、部分学院、11 年级、高中毕业生、专业学院、Assoc-acdm、Assoc-voc、9 年级、7 ~ 8 年级、12 年级、硕士、1 ~ 4 年级、10 年级、博士、5 ~ 6 年级、学前班。

   5. education-num：连续的。

   6. 婚姻状况（marital-status）：已婚公民配偶、离婚、未婚、分居、丧偶、已婚配偶缺席、再婚（Married-AF-spouse）。

   7. 职业（occupation）：技术支持、工艺维修、其他服务、销售、行政管理、专业人员、装卸工人清洁工、机器操作检查员、行政助理、农业渔业、运输搬运、私人住宅服务、保护服务、武装部队。

   8. 关系（relationship）：妻子、亲生子女、丈夫、非家庭成员、其他亲戚、未婚。

   9. 种族（race）：白人、亚洲太平洋岛民、美国印第安因纽特人、其他、黑人。

   10. 性别（sex）：女性、男性。

   11. 资本收益（capital-gain）：连续的。

   12. 资本损失（capital-loss）：连续的。

   13. 每周小时数（hours-per-week）：连续的。

   14. 国籍（native-country）：美国、柬埔寨、英国、波多黎各、加拿大、德国、美国边远地区（关岛、美属维京群岛等）、印度、日本、希腊、中国、古巴、伊朗、洪都拉斯、菲律宾、意大利、波兰、牙买加、越南、墨西哥、葡萄牙、爱尔兰、法国、多米尼加共和国、老挝、厄瓜多尔、海地、哥伦比亚、匈牙利、危地马拉、尼加拉瓜、泰国、萨尔瓦多、特立尼达和多巴哥、秘鲁、荷兰等。

   大多数特征名称都描述了它们的含义，但对于其余部分，建议读者查阅文献 [6]。

   预期结果是如下二元分类：

- 工资 > 5 万美元
- 工资 ≤ 5 万美元

15.3 识别原始数据，将信息与噪声分离

   在当前问题中，我们获得了一组已经整理好的表格形式的原始数据。因此，我们已经知道我们将需要使用所有可用的数据。在某些情况下可能并非如此。在这种情况下，经验法则是使用所有可能对结果产生任何影响的数据。但是，所有与结果无关的

数据都应该删除。在数据中添加噪声会稀释数据并影响算法的性能。大多数分类算法可以很容易地处理数百个特征，但是在选择这些特征时必须谨慎，以便在所需特征和纯噪声之间取得一种良好的平衡。这不是一个一次性的决定，人们总是可以使用不同的特征集进行实验，并研究它们是如何影响结果的。

相关性和因果关系

有一些技术也可以用来理解个体特征与结果之间的关系。一种简单的技术称为相关性。使用数学家和统计学家 Karl Pearson 的相关系数或皮尔逊相关系数 ρ 进行定量计算。假设存在两组分布 X 和 Y。从当前上下文来看，假设 X 对应于其中一个特征，Y 对应于结果。概率上，该系数定义为

$$\rho_{X,Y} = \frac{\mathrm{cov}(X, Y)}{\sigma_X \sigma_Y} \qquad (15.1)$$

其中，σ_X 是 X 的标准差，σ_Y 是 Y 的标准差，X 和 Y 之间的协方差，$\mathrm{cov}(X, Y)$ 定义为

$$\mathrm{cov}(X, Y) = E[(X - \mu_X)(Y - \mu_Y)] \qquad (15.2)$$

$E(z)$ 表示变量 z 的期望值，也称为总体平均值。μ_X 和 μ_Y 分别表示 X 和 Y 的样本均值。使用式（15.1）和式（15.2），我们可以写为

$$\rho_{X,Y} = \frac{E[(X - \mu_X)(Y - \mu_Y)]}{\sigma_X \sigma_Y} \qquad (15.3)$$

为了从数值上计算这些值，我们假设有 n 个样本，并将来自特征和结果的单个样本表示为 x_i, $i = 1, \cdots, n$ 和 y_i, $i = 1, \cdots, n$。我们可以扩展这些表达式的定义得到

$$\rho_{X,Y} = \frac{\sum_{i=1}^{n}(x_i - \mu_X)(y_i - \mu_Y)}{\sqrt{\sum_{i=1}^{n}(x_i - \mu_X)^2}\sqrt{\sum_{i=1}^{n}(y_i - \mu_Y)^2}} \qquad (15.4)$$

相关性系数的值在 [-1，1] 之间。正值表示两个向量之间存在直接相关性。换句话说，如果特征的值增加，则结果的值也增加。值为 0 表示特征与结果之间没有相关性，并且该特征不应在模型中使用。相关性为 1 表明特征与结果之间存在非常直接的相关性，如果我们使用的是结果的一部分特征，则一定是可疑的。通常，1 或值接近 1 的高度相关性在实际应用中是不可能的。值为 -1 表示非常高的负相关性。通常，通过改变特征值的符号，可以将负相关性迅速转换为正相关性。但是，算法也足够聪明，可以自动完成。

这种相关性分析可以让我们快速了解正在使用的特征以及哪些特征可能会对结果产生更大的影响。还有另一个必须注意的警告。这就是相关性和因果关系之间的混淆。有时，一个完全噪声的特征可以显示出与结果的高度相关性。例如，在当前情况下，假设我们已经收集了有关人们邮政地址的数据。如果有人提出一种二元特征：

- 当街道编号为偶数时，特征值 = 1
- 当街道编号为奇数时，特征值 = 0

假设该特征与 0.7 阶的结果具有相对较高的相关性。这是否意味着它是一个很好的特征？从纯数字来看，答案是肯定的，但是从特征起源的领域知识可以很容易地确认这是纯粹的巧合。这些巧合的特征需要仔细识别并从模型中删除，因为它们可能会对模型性能产生不利影响。

15.4 构建特征集

一旦我们确定了包含前一节中讨论的良好信息的原始数据集，下一步就是将这些信息转换为机器可用的特征。将原始数据转换为特征的过程包括一些标准选项和一些领域特定的选项。让我们先看看标准选项。

15.4.1 特征构建的标准选项

从计算机的角度来看，为模型构建选择的原始信息可以是以下类型之一：

1. 数值的（Numerical）：可以包含正整数或负整数、分数、实数等。不包括日期或某种形式的 ID。（有时，ID 可能看起来是数字，但是从模型的角度来看，它们不应被视为数字，因为从结果的角度来看，ID 值的增减没有实际意义。）如果已知数字实体只有小部分唯一值，则最好将它们视为类别而不是数字。经验法则是，如果唯一值的数量是几十，则可以将其视为类别，但如果唯一值的数量超过 100，则最好将它们视为数字。理想情况下，如果特征值的增加和减少对结果有相应的（直接或反向）影响，则应该将特征视为数值型。

2. 分类的（Categorical）：可以是字符串特征或数字特征。当字符串特征（纯字符串或字母数字）可以采用的唯一值是几十个时，应使用与上述类似的规则将其视为类别。如果有超过 100 个唯一值，则应该将它们视为字符串特征。

3. 字符串（String）：这些是纯字符串特征，我们希望每个样本中都具有一些唯一值。通常，这些特征将包含多个单词，在某些情况下甚至是句子。

4. 日期时间（Datetime）：这些将作为字母数字特征出现，看起来像字符串特征，但是应该区别对待。它们只能有日期、时间或日期时间。

现在，让我们更深入地研究一下，看看应该如何处理每种标准的特征。

15.4.1.1 数值特征

数值特征是最容易处理的，因为它们已经是机器可理解的格式。在大多数情况下，我们保持这些特征不变。在某些情况下，可以执行以下操作：

1. 舍入：如果小数值的附加粒度没有用处，可以将小数或实值特征舍入为最接近的整数或更小或更大的整数。

2. 量化：不只是舍入，还可以将值量化为一组预定义的存储桶（bucket）。这个过程可以使该特征更接近于分类特征，但是在许多情况下，这仍然提供了不同的信息，并且是可取的。

15.4.1.2 分类特征

与数值特征相比，分类特征的处理明显不同。如前所述，当唯一类的数量为几十个时，该特征被认为是分类特征。但是，在某些大型数据集的情况下，即使有数百个唯一的类别，使用分类特征可能也是合适的。这种处理的核心是一种称为"独热编码"的过程。一种独热编码表示转换为一个 0 和 1 的向量，使得整个向量中只有一个 1。向量的长度等于类别的数目。让我们以示例中的工薪阶层（workclass）为例。有八种不同的类别。因此，每种类别将被编码为一个长度为 8 的向量。"Private"的独热编码为 [1, 0, 0, 0, 0, 0, 0]，"Self-emp-not-inc"的独热编码为 [0, 1, 0, 0, 0, 0, 0, 0]，依此类推。向量中的每个值都是一个不同的特征，这些特征的名称将为"workclass-Private"，"workclass-Self-emp-not-inc"等。因此，现在我们将单个分类特征扩展为八个二进制特征。有人可能会问这样一个问题，为什么我们要将这个过程复杂化以构建更多的特征呢，我们可以只需将它们转换为单个整数特征并分配 1 ~ 8 或 0 ~ 7 甚至 00000001 ~ 10000000 的值。不这样做的原因在于两个数字之间的关系。例如，数字 1 比数字 3 更接近数字 2，依此类推。这种关系是否适用于我们正在编码的值？"Private"的值是否比"Without-pay"的值更接近"Self-emp-not-inc"的值？这些问题的答案是否定的。所有这些值都有其自身的含义，不能像比较两个数字那样相互比较。这只能通过将它们放在各自不同的维度上来用数值表示。独热编码正好实现了这一点。

15.4.1.3 字符串特征

通用字符串特征，也称为文本特征，可以通过多种方式处理。但是通常在将它们转换为特征之前，建议执行一组预处理步骤，包括：

1. 删除标点符号：在大多数情况下，标点符号不携带任何有用的信息，可以安全地删除。

2. 转换为小写：在大多数情况下，强烈建议将所有文本转换为小写。如果相同的单词或一组单词出现在多个地方而大小写略有不同，则机器会将它们视为两个完全独立的实体。在大多数情况下，这不是我们所希望的，将所有内容转换为小写可以使下一个处理更加简化。

3. 去除常用词：像冠词（a、an、the）、连词（for、but、yet 等）、介词（in、under 等）使用得相当普遍，从机器学习模型的角度来看，这些词通常信息量不大。这些也称为停用词，可以安全地删除。由于这些词出现的频率很高，删除这些词可以显著降低复杂性。预先填充的停用词列表通常在机器学习库中是可用的，并且它可以用作现成的组件。

4. 拼写修复：数据中出现拼写错误是很常见的，拼写错误的单词会引起很多噪声。可以安全地应用标准拼写检查来提高数据质量。

5. 语法：这本身就是一个复杂的话题。在许多情况下，应用各种语法检查可以提高数据质量，但是这些修改不一定是通用的，应该根据具体情况应用。常用的技术包括：词干提取和词形还原（将单词"walking"或"walked"转换为"walk"等），词性标注（POS）等。

文本的特征化大致可以分为简单和高级两类。简单的特征化可以包括不同实体的计数和频率。一些示例如下：

- 单词的数目
- 重复单词的频率
- 停用词的数目
- 特殊字符的数目
- 句子的数目

高级特征化包括：

1. N-gram 分析：N-gram 分析将给定的文本分割成连续 n 个单词的存储桶。n 个单词的每个唯一序列都作为一个唯一的 n-gram 收集，并根据每个 n-gram 的出现频率进行编码。例如，考虑这样一个句子"Michael ran as fast as he can to catch the bus."假设我们应用小写转换作为预处理步骤，则 unigram 或 1-gram 分析将给出："michael" "ran" "as" "fast" "he" "can" "to" "catch" "the" "train"唯一的 1-gram。编码向量将为 [1，1，2，1，1，1，1，1，1，1]。对同一个句子进行 bigram 或 2-gram 分析，将生成以下独特的 2-grams："michael ran" "ran as" "as fast" "fast as" "as he" "he can" "can to" "to catch" "catch the" "the bus"。编码的向量将是 [1，1，1，1，1，1，1，1，1，

1，1]。正如你所看到的 1-gram 和 2-grams 之间的区别，单词"as"在 1-gram 的特征空间中只出现一次，而 bigrams"as fast"和"fast as"在 2-grams 特征空间中分别出现。在这种情况下，消除停用词（如"as"）可以大大减少特征空间。

这里还需要注意的一点是，$n > 1$ 的 n-gram 分析捕获了单词的顺序信息，而不仅仅是它们的频率。特别是当 n 变大时，特征的唯一性呈指数增长。此外，如果 n 太大，则空间就会变得太稀疏，因此需要谨慎地在 n 的较大值与较小值之间进行权衡。

2. 词袋：词袋通常被描述为特征化字符串实体的最流行方法。它本质上表示 $n = 1$ 时的 n-gram 分析。

3. TF-IDF 分析：表示词频 – 逆文档频率。这种分析在长文本的情况下通常是有用的。对于较短的文本，n-grams 或词袋通常就足够了。从概念上讲，它量化了一个词在给定文本中相对于文本集合的重要性。让我们看看它的数学定义。

将文本 t_j 中的单词 w_i 的词频（TF）表示为 $f_w(w_i, t_j)$。这是根据单词 w_i 在文本 t_j 中出现的次数来计算的。假设整个文本语料库中总共有 n 个单词。假设有 m 个文本。

单词 w_i 的逆文档频率（IDF）$f_{id}(w_i)$ 定义为

$$f_{id}(w_i) = \log \frac{n}{\sum_{j=1}^{m} \left\{ \begin{cases} 1, & \text{当 } w_i \in t_j \\ 0, & \text{其他} \end{cases} \right\}} \quad (15.5)$$

分母实质上是计算包含单词 w_i 的文本数。TF-IDF 的联合表达式是 TF 和 IDF 的组合，即 $f_w(w_i, t_j) f_{id}(w_i)$。

为了说明这一概念，停用词在所有文档中具有较高的 TF，但总体 IDF 很低，因此它们的 TF 得分将相应地降低。但是，如果某个单词只出现在一个文档中，那么它在该文档中的 TF 将被 IDF 显著提高。

15.4.1.4　日期时间特征

日期时间特征公开了一种非常不同的信息类型，它需要一点领域知识才能理解。这样，它们更多地属于 15.4.2 中的自定义特征。但是，它们也允许一些标准处理，因此在这里进行讨论。在字符串格式中，日期时间特征是毫无意义的，同时将日期时间直接转换为数值也不会给表带来什么影响。通常提取的日期时间特征包括：

- 星期几（Day of week）
- 一月中的某日（Day of month）
- 一年中的某日（Day of year）
- 一月中的某周（Week of month）

- 一年中的某周（Week of year）

- 一年中的某月（Month of year）

- 一年中的某季度（Quarter of year）

- 从今天开始的天数（Days from today）

- 一天中的某小时（Hour of day）

- 一小时中的某分钟（Minute of hour）

15.4.2　特征构建的自定义选项

15.4.1 节中讨论的大多数特征化选项都是标准的，从某种意义上说，它们在不考虑上下文或在没有任何领域知识的情况下都是有效的。当我们构建一个定制的机器模型来解决人工智能中的特定问题时，我们已经拥有了领域知识，可以用于提取在通用设置中可能没有意义的特征。例如，让我们考虑工资预测的例子。其中一个数字特征是"年龄"。它是数值的、连续的特征，根据标准的特征化准则，我们可以按原样使用它，也可以将其舍入为整数，甚至将其保存为 5 的倍数，等等。但是，对于当前的工资问题，这个年龄不仅仅是一个 0 ~ 100 之间的数字，它还有更多的含义。我们知道，典型的就业起始年龄是 18 岁左右，典型的退休年龄是 65 岁左右。然后，我们可以在该范围内添加自定义容器，以在当前上下文中创建更有意义的特征。

自定义特征构建的另一个重要方面是两个特征之间的交互形式。从一般的角度来看，这是非常重要的，可以获取原本不可能的重要信息。例如，以成人工资为例，有两个特征"资本收益"和"资本损失"。我们可以将这两个特征以"（资本收益）－（资本损失）"之差的形式结合起来，以在单个特征中查看全局。或者，我们有一些调查信息，给出了"年龄"和" education-num"之间的特定关系，可以使用这些信息将这两个特征按一定比例连接起来，以创建一个信息更丰富的新特征。这些特征是很重要的，肯定会增加模型可以使用的信息。

日期时间特征也是创建交互特征的候选字符串。两个日期之间的天数差总是一个有用的特征。连接特征的另一种方法是对数字特征集合应用平均值、最小值、最大值等运算符。选项是相当无限的。但是，必须注意，创建大量的自定义特征并不一定会任意地提高性能，并且很快就会出现饱和点。尽管如此，这始终是一种很好的实验选择。

15.5　处理缺失值

缺失值在现实生活中是一种很常见的现象，必须用一些值来代替它们，否则模型将无法执行。如果缺失值出现在训练数据中，简单的解决方案就是忽略这些样本。但是，在某些情况下，有太多的样本缺失了一些信息，我们不能仅仅忽略它们。另外，如果测试数据中缺失这些值，我们需要进行预测，那么我们别无选择，而只能用一些合理的估计值来代替缺失值。处理缺失值的最常见方法如下：

1. 在数值情况下，使用平均值或众数或中位数。

2. 在分类值情况下，使用众值。

3. 如果我们有一些先验知识，我们总是可以使用一个预定值来替换缺失值。

4. 在分类特征情况下，我们可以创建一个新类别"未知的"并使用它来代替。然而，这里有一个警告，即如果"未知的"类别只出现在测试数据中，而在训练数据中不可用，那么某些模型可能会失败。但是，如果训练数据中有缺失值的样本也用"未知的"代替，那么它通常是最优雅的解决方案。

5. 预测缺失值。这可以通过多种方式实现，从简单的基于回归的方法到更复杂的期望最大化或 EM（Expectation Maximization）算法。如果被预测的特征具有非常高的方差，那么这种方法可能会导致错误的估计，但总的来说，这比简单的"平均值/众数/中位数"替换更合适。

6. 使用支持缺失值的算法。有某些算法固有地独立地使用这些特征，例如，朴素贝叶斯或 k 最近邻聚类。这样的算法可以处理缺失值，而不需要用一些估计值来代替它。

15.6 可视化特征

特征化的最后一步是可视化特征及其与标签的关系。查看可视化效果，还可以返回到某些特征修改，并在整个过程中迭代。为了说明这一点，我们使用成人工资数据。

15.6.1 数值特征

首先让我们看看数值特征。数值特征包括：

- 年龄
- fnlwgt
- education-num
- 资本收益
- 资本损失
- 每周小时数

现在，让我们看一下单个特征值与标签的对比图，如图 15.1、图 15.2 和图 15.3 所示。

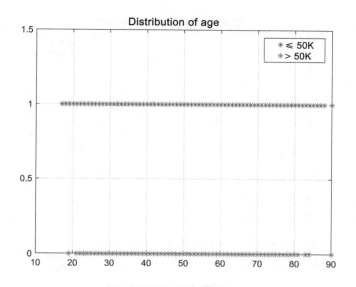

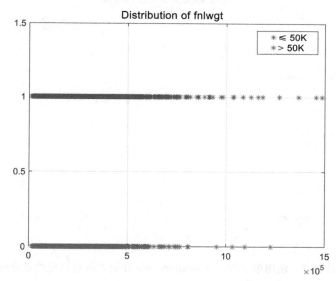

图 15.1　使用单个特征 age 和 fnlwgt 显示类别分离

表 15.1 显示了每个特征与标签的相关系数。

从图和相关系数可以看出，特征 fnlwgt 几乎不包含任何信息，而其他大多数特征本身则是相对较弱的特征。如前所述，负号只表示它们的值与标签之间的关系是相反的。看看这些数据，我们可以安全地忽略特征 fnlwgt，以进行模型训练。但是，考虑到一开始只有 14 种特征，我们可以保留它。

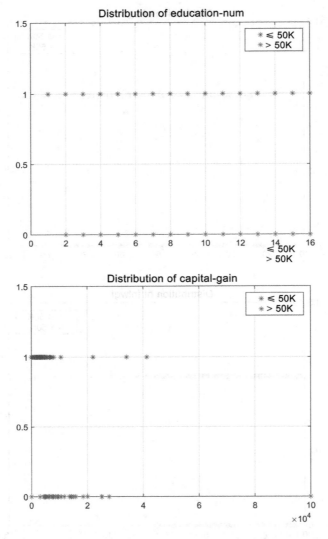

图 15.2   使用单个特征 education-num 和资本收益表现类别分离

表 15.1   数值特征和标签之间的相关系数

特征名称	相关系数
age	−0.23
fnlwgt	+0.01
education-num	−0.34
capital-gain	−0.22
capital-loss	−0.15
hours-per-week	−0.23

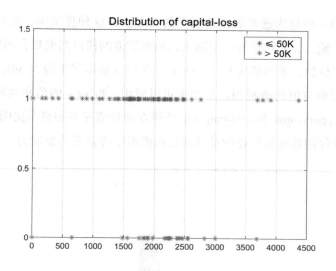

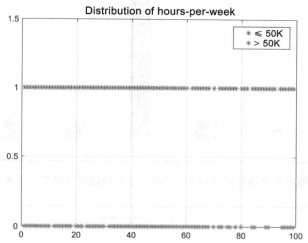

图 15.3 使用单个特征资本损失和每周小时数显示类别分离

15.6.2 分类特征

现在，我们将逐一查看分类特征。如前所述，通过使用一种独热编码技术，将分类特征的每个值视为单独的特征。

15.6.2.1 特征：工薪阶层

特征工薪阶层（workclass）是一种分类特征，可能值为 {Private，Self-emp-not-inc，Self-emp-inc，Federal-gov，Local-gov，State-gov，Without-pay，Never-worked}。像我们在数值特征的情况下所做的那样，在单个图中可视化所有不同特征值的效果将会更加困难。另外，我们不想为每个值创建单独的图，因为那样会导致太多的图。相反，我们将使用一种称为透视表或透视图的技术。在这种技术中，我们将一个参数的所有值放在一个轴上，并计算另一个轴上其他参数值的任何其他聚合函数（求和、最大值、最小值、中位数、平均值等）。图 15.4 和图 15.5 显示了工资 > 50K 和工资 ⩽ 50K 的情况下该特征所有值的透视图。从图中可以看出，Private 的值在两种情况下具有相似的分布，而 Federal-gov 和 self-emp-inc 的值在两种情况下却显示出明显不同的分布。因此，我们预计使用这些值创建的单独特征在模型中应该更具影响力。

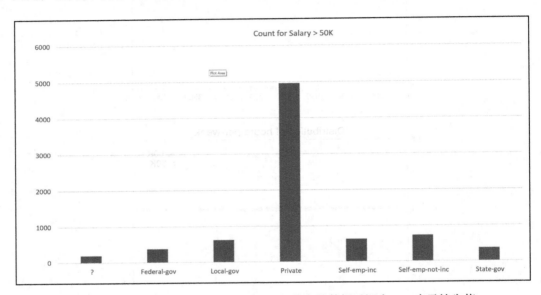

图 15.4 显示每个特征值的标签（>50k）分布的数据透视表。? 表示缺失值

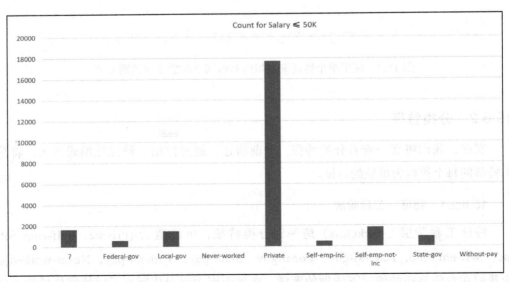

图 15.5 显示每个特征值的标签（⩽ 50K）分布的数据透视表。? 表示缺失值

15.6.2.2 特征：学历

特征学历（education）是一种分类特征，值为 {Bachelors, Some-college, 11th, HS-grad, Prof-school, Assoc-acdm, Assoc-voc, 9th, 7th-8th, 12th, Masters, 1st-4th, 10th, Doctorate, 5th-6th, Preschool}。我们将像以前一样使用透视图来查看该特征值和标签之间的趋势。图 15.6 和图 15.7 显示了透视图。由于计数为零，一些特征在图之间完全缺失。这些值预计将对结果产生非常大的影响。与高等教育相对应的值也显示出两种类别之间的强烈分离。

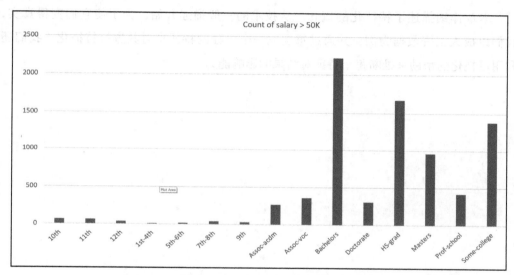

图 15.6　显示每个特征值的标签（>50k）分布的数据透视表。? 表示缺失值

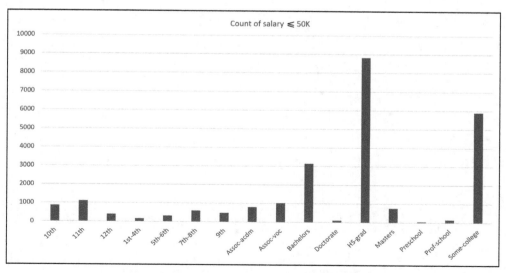

图 15.7　显示每个特征值的标签（≤ 50K）分布的数据透视表。? 表示缺失值

15.6.2.3　其他特征

其余的分类特征婚姻状况、职业、关系、种族、性别、国籍可以用类似的方式进行分析。通过直观地观察趋势所获得的见解可以非常有效地选择正确的模式、调整模式、选择正则化的约束等。

15.7　小结

本章详细描述了特征化的概念。从技术的一般描述开始，为了使它们变得真实，我们以成人工资数据为例，并通过每次取一个单独的特征来对其进行特征化。我们还利用可视化的帮助来推断每个特征对结果的影响能力。

设计和调整模型管道

16.1　引言

如前一章所述，一旦特征准备就绪，下一步就是为所需的应用选择要使用的技术或算法。然后，根据调整的实现方式，将可用的数据分为二或三个集合。这三个集合称为训练、验证和测试。训练集用于训练模型，可选的验证集用于调整参数，测试集用于预测算法应用于实际数据时我们期望的性能指标。我们将在以下各节中详细介绍这些步骤。

16.2　选择技术或算法

通常，应用规定了我们应使用的广泛的方法类别。例如，如果我们正在处理一个回归问题，那么我们将局限于所有回归类型的技术上，这将消除聚类或推荐算法⊖，等。或者，如果我们正在处理无监督聚类应用，则所有的监督算法，如决策树、支持向量机或神经网络都不能使用。

为了说明选择模型的思维过程，让我们考虑第 15 章所述的成人工资数据的二元分类问题。

成人工资分类的技术选择

根据应用的规定，我们必须将范围缩小到分类算法。回归算法通常可以用于增加

⊖　在大多数机器学习文献中，术语模型和算法可以互换使用，这可能会造成混淆。这两个术语的确切定义是：算法是底层的理论基础，模型是经过训练过程得到的抽象的二元结构。换句话说，模型是一种经过训练的算法。使用不同的训练数据，我们得到不同的模型，但是底层算法保持不变。然后，可以将训练后的模型用于预测未标记数据的结果。

阈值的分类应用中，但不是首选。我们讨论了给予我们的字段类型。以下是前几个样本的实际数据的快照（表 16.1）。

从这里可以看出，我们在这里处理的数据类型要么是连续值整数，要么是字符串类别。还有一些用"?"表示的缺失的特征。

基于决策树的方法通常更适合于具有分类特征的问题，因为这些算法固有地使用分类信息。大多数其他算法，如逻辑回归、支持向量机、神经网络或概率方法等更适合于数值特征。这并不是说不能在分类特征的情况下使用它们，但是这个建议应该作为经验法则。另外，最好从一个更简单的算法开始，以建立一个基线性能。然后我们可以尝试使用模式复杂的算法，并将性能与基线进行比较。复杂算法通常是需要详细设置和初始化大量参数（也称为超参数）的算法。我们将在本章后面讨论这个主题。

单一决策树可以用作最简单的启动算法之一，但是，随机森林决策树也是一个不错的选择。如第 6 章所述，随机森林算法提供了对单个决策树的显著改进，而从训练的角度来看并没有增加太多的复杂性。

16.3 划分数据

一旦选择使用了一种算法，下一步就是将整个标记的训练数据分为 2 或 3 个集合，称为训练、（可选）验证和测试。在这种情况下，当我们计划进行超参数调试时，我们将数据分为三个集合。通常，三个集合的百分比划分为：60-20-20 或 70-15-15。可用于训练的样本越多越好，但是我们还需要在验证和测试集中保留足够的样本，以获得具有统计意义的指标。第 17 章将更详细地讨论这一方面。通常，验证集和测试集的大小相同。但是，所有这些决策都是经验性的，人们可以根据需要选择自定义它们。

分层抽样

划分总是以随机的方式而不是以顺序的方式进行，以便在所有三个集合之间具有统计上均匀的数据分布。还有一个方面需要仔细关注，特别是在分类应用的情况下。这称为分层抽样。分层抽样确保了类别在划分部分中的某种已知分布。当我们处理 n 个类别时，每个类别的样本数并不总是相同的。有时，这种分布可能存在很大的偏度，这意味着一个类别的样本数可能明显大于其他类别的样本数。在这种情况下，均匀随机划分不会产生最优划分。为了在不偏向任何特定类别的情况下训练模型，我们需要在训练集中从每个类别获取大致相同的样本数。验证集和测试集中的分布不那么重要，但是在所有三个集合中的类别之间进行大致平衡的分布总是一种好的实践。当原始分

表 16.1 UCI 成人工资数据中的样本行

年龄	工薪阶层	fnlwgt	学历	Education-num	婚姻状况	职业	关系	种族	性别	资本收益	资本损失	每周小时数	国籍	标签
38	私有的	215 646	高中毕业生	9	离婚	装卸工人清洁工	非家庭成员	白人	男	0	0	40	美国	≤ 50K
53	私有的	234 721	11 年级	7	已婚公民配偶	装卸工人清洁工	丈夫	黑人	男	0	0	40	美国	≤ 50K
28	私有的	338 409	学士	13	已婚公民配偶	专业人员	妻子	黑人	女	0	0	40	古巴	≤ 50K
37	私有的	284 582	硕士	14	已婚公民配偶	行政管理	妻子	白人	女	0	0	40	美国	≤ 50K
49	私有的	160 187	9 年级	5	已婚配偶缺席	其他服务	非家庭成员	黑人	女	0	0	16	牙买加	≤ 50K
19	私有的	168 294	高中毕业生	9	未婚	工艺维修	亲生子女	白人	男	0	0	40	美国	≤ 50K
54	?	180 211	部分学院	10	已婚公民配偶	?	丈夫	亚洲太平洋岛民	男	0	0	60		>50K
39	私有的	367 260	高中毕业生	9	离婚	行政管理	非家庭成员	白人	男	0	0	80	美国	≤ 50K
49	私有的	193 366	高中毕业生	9	已婚公民配偶	工艺维修	丈夫	白人	男	0	0	40	美国	≤ 50K

布不平衡时，有两种选择：

1. 忽略具有更多样本的类别中的一些样本，以匹配较少样本数的类别。

2. 重复使用具有较少样本数的类别中的样本，以匹配样本数较多的类别中的样本数。

现在选择哪个选项取决于原始的样本数。如果即使从较大的集合中删除样本后仍然有足够数量的样本，那么这始终是一个更好的选择，而不是重复抽样。

此外，如果类别之间的偏差是可以接受的，则不强制使用分层抽样。在当前的成人工资分类问题中，他们已经以单独集合的形式提供了训练和测试数据。在训练数据中，总共包含 32 561 个样本，其中有 24 720 个样本来自 ≤ 50K 的类别，而 >50K 的类别中只有 7841 个样本。测试集总共有 16 281 个样本，其中包含来自 ≤ 50K 类别中的 12 435 个样本，而仅有 3846 个样本来自 >50K 的类别。因此，在样本分布中存在显著的偏度。但是，根据数据集的创建者提供的指导，这两类工资范围之间的偏差是已知的，需要予以保留。当数据足够大时，均匀随机抽样通常在不同部分的类别之间给出相似的分布，但是如果存在显著差异，则可以重复抽样以确保，或者可以使用分层抽样来强制每个部分中类别的特定分布。在当前问题中，我们只需要将训练集分为训练和验证两部分。为此，我们将使用 70-30 划分。

16.4 训练

将数据划分为训练集和测试集后，训练集用于训练算法并构建模型。每种算法都有与之关联的特定训练方法。在所有不同的技术中，共同的基本概念是找到模型的正确参数集，就训练数据而言，这些参数可以将输入映射到输出。换句话说，找到使预测和训练集中输出的期望值之间的误差（可以选择第 17 章中定义的不同类型的误差）最小化的参数集。有些方法是迭代的，它们经历了查找和改进参数的多重循环。有些方法是一次性的，在单循环中计算最优的参数集。

模型的参数也分为两种主要类型：

1. 可以使用训练过程计算的参数，以最小化预测中的误差。

2. 无法使用训练过程直接计算的参数。这些参数也称为超参数。每个唯一的超参数集本身都可以视为一个不同的模型。

调整超参数

超参数通常是一组可以无限制的参数，例如神经网络隐藏层中的节点数。理论上可以选择 1 和 ∞ 之间的任何数字。不能简单地使用训练数据来找到正确的节点数。因此，超参数的边界是由负责构建模型的科学家创建的。这些边界是基于多种约束创建的，例如计算要求、维数和数据大小等。通常，需要为每个模型的多个超参数创建这种边界。因此，我们最终用一个 n 维的超参数网格来选择。

如前一节所述，可以使用一组训练集来获得一组超参数的结果。因此，为了有多个这样的集合来调整超参数，需要将训练数据进一步分为两部分，称为训练和验证。文献中描述了用于生成这些集合的多种技术。但是，测试集必须单独保存，并且从不在调整或训练过程中使用。如果在此过程中使用了测试集，那么所有标记的数据都将用于训练–调整过程，没有剩余数据来预测经过训练–调整的模型在未见样本上的行为。这是机器学习理论中一条永远不能被打破的基本规则。

对于给定的超参数集，训练集是唯一可用于训练的数据，训练后的模型应用于验证集以计算准确率指标。一旦使用了所有不同的超参数集，在验证集上提供最优性能的集合被用作最优模型。然后，测试数据只使用一次来预测经过调整和训练的机器学习模型的准确率。

16.5　准确率度量

度量模型的准确率是机器学习系统设计中的最后一步。但是，考虑到这个主题的范围，第 17 章将专门讨论这一步骤。

16.6　特征的可解释性

通常，一旦以足够的准确率对模型进行了训练，工作就结束了。但是，近年来，一个额外的步骤变得越来越重要。该步骤并没有在机器学习理论中找到根源，而是由于传统的启发式方法与机器学习方法的碰撞出现的。当领域专家建立一个简单的启发式模型来预测某些结果时，作为启发式模型一部分的所有规则都是人类可读的，并且具有明显的可解释性。当结果高或低时，可以很快从规则中看出特定结果的原因并加以解释。这些解释还导致了可以基于它们采取具体行动。

大多数机器学习模型，特别是神经网络类型的模型，完全缺乏这种推理和可解释性。必须基于测试数据提供的准确率指标来接受结果。但是，当机器学习模型开始取代较老的启发式模型时，这种推理或可解释性以及可解读性的缺乏遭到了强烈的批评。在对模型进行训练之后，可以应用提出的各种不同的技术来增加结果的可解释性或所使用特征的重要性。这里的核心思想是改变单个特征的值，并查看它们对结果的影响。

对结果影响更大的特征更为重要，反之亦然。但是，这种技术没有考虑特征的相互依赖性。这篇论文 [30] 讨论了该领域的一些最新进展。此外，特征的可解释性需要针对聚合级别以及具体情况进行构建。

16.7   实际问题

到目前为止，本书中讨论的所有机器学习算法都是基于对数据性质的特定假设。数据要么是静态的，要么是时间序列的形式。数据要么是严格线性的，要么是使用合适的链接函数将其转换为线性的，要么是纯非线性的。训练数据中定义的类别数量不能与测试数据中定义的类别数量不同等。但是，当我们在实践中处理数据时，这些假设都无法准确适用。总是存在一些灰色地带，识别这些区域并进行明确处理是非常关键的。在本节中，我们将讨论一些较常见的情况，但不应将此列表视为全面的。

16.7.1   数据泄露

在选择用于解决给定机器学习问题的底层算法时，必须了解数据中的趋势。如果数据是静态的，则有一组静态算法可供选择。静态问题的例子可以是将图像分类为包含汽车的图像和不包含汽车的图像。在这种情况下，已经为分类收集的图像不会随时间变化，纯粹是静态分析的情况。但是，如果数据随时间变化，则会产生额外的复杂性。如果对数据随时间变化的趋势建模感兴趣，那么它就变成了一个时间序列类型的问题，必须选择合适的模型，如第 11 章中所述的 ARIMA。例如股票价格预测。但是，在某些情况下，我们处理的是不断变化的数据，但我们只对给定快照的数据行为感兴趣。这种情况不能保证时间序列模型，并且一旦获取数据快照，它就成为一个严格的静态问题。但是，当采用这种数据快照来构建机器学习模型时，必须注意所有单个特征的变化时间线，直到快照时间为止。

一个例子将有助于更好地理解这种现象。考虑汽车修理工的业务。我们正在尝试预测可能会在 6 个月内不止一次访问的客户。我们收集了过去 6 个月的销售数据。以下是数据中的一些列：

- 访问次数
- 汽车制造年份
- 汽车品牌
- 汽车型号
- 里程表上的英里数

- 销售额
- 付款方式
- 客户类别

第一列实际上是数据的标签，如果访问次数大于 2，则根据问题的定义将其分类为 "真"，否则将其分类为 "假"。然后从特征空间中删除此列，并将其余所有列用作特征。但是，列表中的最后一列是一种分类特征，我们可以根据历史数据对每个客户进行分类。只有回头客，我们将其归为 "已知" 类别，其余的归为 "未知" 类别。现在，该列与标签列不完全相同；但是，根据我们的定义，与 "未知" 客户相比，"已知" 客户更有可能被分类为 "真"。另外，必须注意，此列中的值将在每次访问后进行更新。因此，如果我们使用此列作为特征之一，它将把标签中的部分信息泄漏回特征空间。这将导致该模型的性能比仅基于这种单个特征的预期要好得多。此外，必须注意，当客户第一次访问时，将无法使用该特征。因此，最好不要在训练模型时使用该特征。这种信息泄漏也称为目标泄漏。

16.7.2 巧合与因果关系

在实践中，当处理具有大量特征的数据以预测相对较少的类别或预测相对简单的回归函数时，训练数据中的噪声水平会显著影响模型的质量。当数据中存在太多对结果没有因果关系的特征时，这些噪声特征中的一些可能与结果显示出幸运的相关性。识别这种噪声特征通常是通过问题空间的领域知识来完成的，但是有时开发模型的科学家可能缺乏这方面的知识。在这种情况下，识别与结果巧合相关的特征与对结果实际上产生因果影响的特征变得极其困难。巧合特征可能有助于在训练数据上获得高准确率，但会使模型在预测未见的测试数据的结果方面相当薄弱。换句话说，该模型的泛化性能将相当差。

不幸的是，没有一种理论方法可以从纯粹的数据分析中识别和区分巧合特征和因果特征。根据特征之间的条件依赖性提出了一些概率方法，但是所有这些方法都对特征之间的依赖性和因果关系做了一些假设，这些假设在真实数据上可能并不成立。这是机器学习的一个相对新颖的方面，目前正在研究中。这里有一篇文章讨论了这种现象的某些方面 [29]。虽然这是一个没有具体理论解决方案的问题，但是可以采取以下措施来规避这种情况：

1. 即使不使用超参数调试，也要使用交叉验证。这将数据分为多个不同的组合，从而减少了巧合特征变得更重要的可能性。

2. 使用集成方法而不是单一模型方法来提高健壮性并减少巧合。

3. 应用特征解释作为模型训练后的附加步骤，以确保所有重要特征都具有领域特定的可解释性。这种可解释性使模型对巧合更具弹性。

16.7.3   未知类别

在训练分类问题中，缺失数据的存在是一种常见的现象。但是，未知类别的情况更加根深蒂固，可能会令人困惑。当一个特征类型被视为分类类型时，它会按照第15章中的描述进行相应的处理。遇到的每个新类别都会被添加到类别列表中，相应地，类别被编码为数值特征。但是，有时可能会发生这样的情况：一个新类别只在测试集中遇到，而该类别在训练或验证集中是完全缺失的。大多数模型在这种情况下都会失败。但是，如果构建模型时考虑到这种可能性，则可以避免这种失败。以下是处理这种情况的一些示例：

1. 将新类别视为未知类别，并且将该未知类别预先编程到模型的特征化中。训练数据中可能存在一个未知类别，该类别中的数据实际上是缺失的，那么新发现的类别可以被视为缺失数据。如果计划这样做，这是可以接受的行为。

2. 如果在测试数据中发现了一个新类别，则将其明确视为缺失数据，模型被训练为忽略该特征，并且仍然能够产生结果。

3. 将新发现的类别视为已知类别之一，模型作为训练后的应用。

所有这些情况都是采取某种形式的近似方法，以使模型在未见数据的情况下具有健壮性，并且在任何给定情况下使用哪种解决方案必须在模型构建时确定。

16.8   小结

在本章中，我们综合了到目前为止所学到的关于各种算法和数据预处理的概念，并讨论了设计端到端机器学习管道的元素。我们还讨论了该设计中鲜为人知的方面，如数据泄漏、巧合和因果关系以及如何解决这些问题以成功地构建系统。

性 能 度 量

17.1 引言

任何关于机器学习技术的讨论，如果没有对性能度量的理解，都是不完整的。通过主观地查看一组结果或客观地查看一个表达式的值，可以定性地评估性能。当数据量很大时，主观和定性测试就无法再提供关于系统总体性能的任何可靠信息，而客观方法是唯一的出路。有各种这样的数学表达式，称为该领域中定义的指标，用于评估不同类型的机器学习系统的性能。在本章中，我们将重点介绍性能度量和指标的理论。

每当选择一个数据集来训练机器学习模型时，必须保留其中的一小部分用于测试性能。在训练过程中，不得以任何方式使用该测试数据。这是极其重要的方面，任何想涉足这一领域的人都应将此视为神圣而又苛刻的原则。通常，训练和测试划分为70%-30% 或者 75%-25%。这里的经验法则有两个方面：

- 模型应获取尽可能多的训练数据
- 测试集应该包含足够的样本，以便对使用它生成的指标具有统计置信度

在统计学中有一个专注于统计显著性的完整主题，但它的要点是：一个人需要至少30 个样本来测试单个一维变量的性能。当存在多个变量和多个维度时，规则变得更加复杂，取决于维度和变量之间的依赖关系等。在这种情况下，需要根据具体情况确定足够数量的训练样本。

以下各节定义了最常用的性能指标。其中一些是非常琐碎的，但为了完整性仍然对它们进行了介绍。所有指标都是基于离散数据的假设。对于连续函数，用积分代替求和，但是概念保持不变。

17.2 基于数值误差的指标

这些是最简单的指标形式。当我们有一个期望值列表时，比如（y_i, $i = 1, \cdots, n$），有一个预测值列表，比如（$\hat{y}_i$, $i = 1, \cdots, n$）。预测中的误差可以使用以下指标给出：

17.2.1 平均绝对误差

平均绝对误差定义为：

$$e_{\text{mae}} = \frac{\sum_{i=1}^{i=n}|\hat{y}_i - y_i|}{n} \tag{17.1}$$

通常避免只使用平均误差，因为它会由于正负误差的抵消而导致异常低的值。

17.2.2 均方误差

均方误差定义为：

$$e_{\text{mse}} = \frac{\sum_{i=1}^{i=n}(\hat{y}_i - y_i)^2}{n} \tag{17.2}$$

与更多数量的较小误差相比，均方误差通常会更严重地惩罚较少数量的较大误差（异常值）。人们可以根据具体问题选择使用其中一种，或者同时使用两种。

17.2.3 均方根误差

均方根误差定义为：

$$e_{\text{rmse}} = \sqrt{\frac{\sum_{i=1}^{i=n}|\hat{y}_i - y_i|}{n}} \tag{17.3}$$

均方根误差降低了误差对少数异常值的敏感度，但仍然比平均绝对误差更敏感。

17.2.4 归一化误差

在许多情况下，上述所有误差指标都可以产生一些 $-\infty$ 和 ∞ 之间的任意数字。这些数字仅以相对方式才有意义。例如，我们可以通过比较两个系统在相同数据上运行产生的误差来比较他们的性能。但是，如果我们查看单个系统的单个实例，那么单个误差值可能是相当任意的。这种情况可以通过使用某种形式的误差归一化来改善，从而使误差有上下界的限制。通常使用的界限是 (−1 到 +1)，(0, 1) 或 (0, 100)。这样，即使是归一化误差的单个实例本身也可以有意义。上述所有误差定义都可以有自己的归一化对应项。

17.3　基于分类误差的指标

基于分类数据的性能指标有很大的不同。为了定量地定义指标，我们需要引入某些术语。考虑一个二元分类的问题。假设类别 1 总共有 n_1 个样本，类别 2 总共有 n_2 个样本。样本总数为 $n = n_1 + n_2$。分类器预测类别 1 的样本数为 $\hat{n}_1$，类别 2 的样本数为 $\hat{n}_2$，使得 $\hat{n}_1 + \hat{n}_2 = n$。在这种情况下，可以仅从类别 1 或者类别 2 的角度或者使用联合角度来计算指标。

17.3.1　准确率

为了定量地定义指标，让我们定义一些参数。设 n_{ij} 为被分类为类别 j 的最初属于类别 i 中的样本数。从联合角度来看，根据准确率 A 给出的指标为：

$$A = \frac{n_{11} + n_{22}}{n_{11} + n_{12} + n_{21} + n_{22}} \tag{17.4}$$

17.3.2　精度和召回率

从任何一个类别的角度来看，我们需要定义更多的术语来定义指标。从类别 1 的角度来看，假设 TP 为真阳性的数目。因此 $\mathrm{TP} = n_{11}$。假设 FP 为假阳性，表示样本实际上来自类别 2，但被分类为类别 1。因此 $\mathrm{FP} = n_{21}$。它们也称为虚假调用。假设 TN 为假阴性的数目。真阴性表示样本实际上来自类别 2，并被分类为类别 2。因此 $\mathrm{TN} = n_{22}$。假设 FN 为假阴性的数目。假阴性表示样本实际上来自类别 1，但被分类为类别 2。它们也可以称为未命中。因此，$\mathrm{FN} = n_{12}$。现在，我们可以从类别 1 的角度定义两个指标，即精度 P 和召回率 R：

$$P = \frac{\mathrm{TP}}{\mathrm{TP} + \mathrm{FP}} \tag{17.5}$$

$$R = \frac{\mathrm{TP}}{\mathrm{TP} + \mathrm{FN}} \tag{17.6}$$

可以看出，两个方程中的分子是相同的，但分母不同。为了主观地理解这些实体，可以遵循这些经验法则。

理解精度和召回率的经验法则

1. 精度可以解释为，在分类为类别 1 的样本池中，有多少样本实际上属于类别 1。

2. 召回率可以解释为，在实际上属于类别 1 的样本池中，有多少样本实际上属于类别 1。

17.3.2.1 F-Score

为了将这两个指标合并为一个指标，有时将另一个指标定义为 F-score，它本质上是精度和召回率的调和平均值。有时称为 F-measure 或 F1 score，但它们均表示相同的量。

$$F = 2 \cdot \frac{P \cdot R}{P + R} \tag{17.7}$$

17.3.2.2 混淆矩阵

上面描述的所有等式都可以从类别 2 的角度重新表述。同样，相同的分析可以进一步推广到 n 类的情况。与这些指标一起经常使用误分类的完整矩阵 n_{ij}，$i = 1，\cdots，n$ 和 $j = 1，\cdots，n$ 也是有用的，称为混淆矩阵。

17.3.3 ROC 曲线分析

精度和召回率在某种程度上是竞争指标。设计分类器时，最终会涉及某种形式的阈值或条件将两个类别分开。如果我们沿着任何方向移动阈值，它会以相反的方式影响精度和召回率。换句话说，如果我们试图提高精度，召回率通常会变得更糟，反之亦然。因此，为了了解分类器在分离两个类别时的核心性能，生成了一个称为接收者操作特性（ROC，Receiver Operating Characteristic）的图。名称 ROC 可能会令人困惑，因为在这里的任何考虑中都没有接收者。整个理论在通信学科中得到了发展。在电子通信系统中，有一个发射器和一个接收器。在理想情况下，接收器需要无误地对发射器发送的信号进行解码。但是，由于传输介质上的噪声，总是存在一些误差。基于 ROC 曲线的分析为提供对接收器性能的定量度量而开发。ROC 曲线通常以真阳性率（TPR，True Positive Rate）和假阳性率（FPR，False Positive Rate）绘制。这些术语定义为：

$$\text{TPR} = \frac{\text{TP}}{\text{TP} + \text{FN}} \tag{17.8}$$

$$\text{FPR} = \frac{\text{FP}}{\text{FP} + \text{TN}} \tag{17.9}$$

从等式可以看出，TPR 与召回率具有相同的定义，通过一些计算，我们可以看出

FPR 与精度有关。但是，在当前情况下，它们称为比率，我们将改变这些参数作为阈值的函数。

图 17.1 和图 17.2 显示了 ROC 曲线的两个示例。x 轴表示 FPR，y 轴表示 TPR。在原点，两个比率均为 0，因为阈值使得我们将所有样本分类为不可取的类别。当我们移

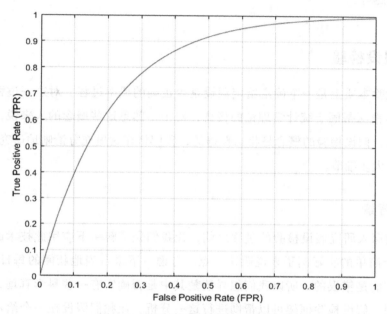

图 17.1 相对较差的 ROC 曲线示例

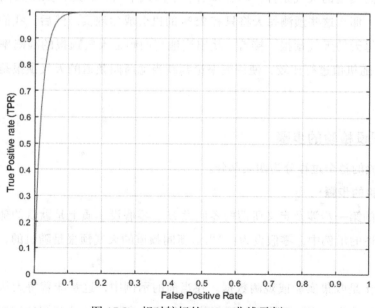

图 17.2 相对较好的 ROC 曲线示例

动阈值时，理想情况下，TPR 应该比 FPR 增长得快得多。在另一端，我们将所有样本分类为所需的类别，两个比率均为 1。在任何给定的应用中，我们都需要选择一个在给定约束下提供最优性能的阈值。但是，ROC 曲线的一个方面提供了一种独立于应用的指标，并且被认为是分类器最基本的属性，即 ROC 曲线下的面积或仅是 AUC。面积越大，分类器越好。

17.4　假设检验

假设检验本质上是一个确定给定假设是否正确的概率过程。对这一过程的典型解释涉及许多根深蒂固于统计学理论的概念，对于不熟悉这些概念的人来说，很快就会迷失。但是，假设检验的概念是相当普遍的，我们将在这里充分清晰地研究这个概念，而不会涉及太多细节。

17.4.1　背景

在我们深入研究假设检验的过程之前，让我们先了解一下应用此技术的背景。我们将用一个简单的实际例子来说明这一点。考虑一下来自当地新闻的每日天气预报。经常发现它们是错误的，所以我们想弄清楚其中是否确实有一些科学真理，或者只是随机的预测。假设检验框架可以帮助进行这一分析。让我们假设在一个给定区域中可能有 4 种不同类型的天气条件：晴、多云、下雨或下雪。因此，如果人们开始做简单的随机预测，那么这些预测每天将只有 25% 的机会成为现实。然后，我们记录 6 个月或 180 天内每天的天气预报。接着，找出当地新闻频道天气预报的准确率，并将其与默认的 25% 随机值进行比较，使用概率论判断当地新闻频道的天气预报是否比纯随机预测好 。

17.4.2　假设检验的步骤

假设检验的整个过程分为四大部分。

假设检验的步骤

1. 过程的第一步涉及定义所谓的零假设 H_0。零假设本质上是默认的随机行为。在我们刚刚描述的示例中，零假设为："当地新闻频道的天气预报是随机的，完全基于偶然性。"

2. 第二步是收集实验或观测数据。在当前的示例中，这意味着每天从当地新闻频道记录的天气预报与实际观测到的天气状况之间的差异。 这些观测值构成一个随机变量，称为检验统计量。

3. 第三步是计算检验统计量实际证明零假设的概率（也称为 P 值）。

4. 第四步是将 P 值与预先确定的显著性水平（表示为 α）进行比较。（通常 α 的值在 5 到 1% 之间）以接受或拒绝零假设。如果零假设成立，则显著性水平可以认为是检验统计量位于预期区域之外的概率。

17.4.3　A/B 检验

在许多机器学习场景中，我们通常会遇到为了解决问题而对多个模型进行比较的情况。在这种情况下，我们可以将假设检验的概念扩展到所谓的 A/B 检验。在 A/B 检验中，我们不是使用默认的零假设，而是使用假设 A，即模型 -A 的结果。然后将其与作为第二种假设的模型 -B 的结果进行比较。遵循类似的步骤，我们可以根据预先确定的显著性水平找出哪个模型能产生更好的结果。

17.5　小结

性能度量是构建机器学习系统的最关键方面。如果没有对量化指标进行合适的定义，就无法有效地比较和对比不同的方法或模型。在本章中，我们研究了用于衡量机器学习系统性能的不同指标。根据应用以及数据的类型和大小，需要不同的指标，并且根据需要，可以选择使用哪些指标。

第18章

第四部分

Machine Learning and Artificial Intelligence

人工智能

我知道我最近做出了一些非常糟糕的决定，但是我可以向你保证我的工作将会恢复正常。我对这次任务仍然充满最大的热情和信心。我想帮助你。

——HAL 9000，《2001：太空漫游》

简要介绍

本部分重点介绍机器学习模型的实现，以开发人工智能应用。

分　类

18.1　引言

在前一部分中，我们已经讨论了为解决分类问题而设计的各种算法。在本章中，我们将以稍微不同的方式看待该主题。我们将研究一些需要底层分类算法来解决的现实问题。我们将列举一些众所周知并且已在消费者领域产生重大影响的问题。我们将尝试构建一个机器学习管道，以基本的方式解决这些问题。尽管我们不会明确地解决这些问题，但是解决此类问题的过程将使读者对机器学习在现实世界中的应用有一个实际的见解。

18.2　分类中的现实问题示例

虽然分类是机器学习理论的简单应用之一，但是现实世界中的情况通常不像 IRIS 数据集 [3] 所示的花朵分类等教科书问题那么简单。下面是一些将分类作为基础机器学习模型的例子：

1. 垃圾邮件检测：将电子邮件分类为真实邮件或垃圾邮件。这是当今大多数电子邮件应用程序和服务的关键组成部分之一。如果一个应用程序能够成功地将垃圾邮件和真实邮件分开，那么它将迅速成为数百万人的首选应用程序。垃圾邮件可以进一步分为交易提醒、时事通讯、钓鱼邮件等类别，使其成为一个多分类问题。

2. 图像分类：图像分类有许多应用。图像可以是人脸，目标是将人脸分为男性和女性。或者图像可以是动物，问题是将它们分类为不同的物种。或者图像可以是不同的车辆，目标是将它们分类为各种类型的汽车。

3. 医学诊断：医学诊断中可以使用不同类型的传感技术，如超声波、X 射线、磁共振成像等。然后，可以将这些诊断传感数据提供给机器学习系统，该系统可以分析信号并将医疗状况分为不同的预定类型。

4. 音乐类型识别：当播放一段音乐时，机器学习系统可以自动检测音乐的类型。

为了理解现实生活中机器学习的细微差别，我们将在本章的其余部分中更详细地讨论第一个问题。

18.3　垃圾邮件检测

针对真实电子邮件检测垃圾邮件是一个非常重要的现实问题，大多数电子邮件服务，如 Gmail、Hotmail、Yahoo Mail 等，以及电子邮件客户端（如移动平台上的各种电子邮件应用程序、Microsoft Office 365 Outlook 应用程序等）都面临着这个问题。但是，每种解决方案的范围是非常不同的。例如，电子邮件服务可以访问其平台上所有账户的所有电子邮件，而电子邮件客户端只能访问通过它们访问的账户。此外，根据越来越严格的隐私规则，这些电子邮件的访问范围是有限的。为了说明这个问题的解决方法，我们将尝试从电子邮件服务的角度来解决垃圾邮件检测问题。当前的问题是一个很好的二元分类的例子。让我们定义该问题的确切范围。

18.3.1　定义范围

让我们考虑一下，我们有自己的电子邮件服务，称为 email.com。假设我们可以以聚合和匿名的方式访问在我们的电子邮件服务上打开的所有账户的所有电子邮件。这意味着，只有自动算法可以访问这些电子邮件，没有人可以查看任何特定的消息。此外，当我们处理误差和指标时，只能访问聚合级别的指标。无法检查任何特定消息被错误分类的原因。

18.3.2　假设

在现实生活中，问题的定义从未像教科书中呈现的那样清晰。问题通常是从广义上被识别出来的，并且需要弄清楚微观细节。当前的情况也不例外。因此，我们需要开始做一些假设，以便进一步缩小问题的范围。这些假设本质上是问题定义本身的延伸。

18.3.2.1　关于垃圾邮件的假设

1. 垃圾邮件既可以来自 email.com，也可以来自其他域名。

2. 垃圾邮件的发送者必须从他 / 她的账户发送大量的电子邮件。

3. 如果电子邮件是为每个用户定制的，那么垃圾邮件发送者账户发送的大多数电子邮件在字符方面几乎相同，可能略有差异。在这种情况下，每封电子邮件都有不同的问候语名称，但其他内容仍然是相同的。

4. 垃圾电子邮件可以分为两类：（1）市场营销和广告电子邮件；（2）用于窃取个人身份或使他/她进行欺诈性金融交易的电子邮件。在任何一种情况下，垃圾邮件都将包含一些 URL 或伪造的电子邮件地址，这些地址会将用户带到不安全的目的地。

5. 垃圾电子邮件的创建是为了看起来很吸引人并且引人注意，因此它们很可能被格式化为 HTML 而不是纯文本。

18.3.2.2 关于真实电子邮件的假设

1. 真实电子邮件是发送给收件人传达有用信息的邮件。

2. 收件人是否期望收到或阅读这些电子邮件，以获取新的信息。

18.3.2.3 关于精度和召回率权衡的假设

上面列出的假设可能仅在一定比例的情况下才是正确的，我们肯定会遇到这些假设完全失败的例外情况。这就是我们几乎永远无法达到 100% 准确率的原因。目标是在这两类之间找到最优的权衡，从而使总体准确率最大化。这里的关键概念是最优的。基于上下文，最优的概念可以有多种含义。这并不意味着我们在检测垃圾邮件和真实邮件时应该同样准确，换句话说，它可以偏向于其中一个。这样可能需要对模型进行调整，以使我们在检测真实电子邮件时具有更高的准确率（换言之，检测真实电子邮件的召回率高），而代价是将一些垃圾邮件检测为真实电子邮件（换言之，检测真实电子邮件的精度低），但是，当该模型将一封电子邮件分类为垃圾邮件时，它几乎肯定是垃圾邮件（换言之，垃圾邮件检测的精度高）。或者，我们可以采取完全相反的或介于两者之间的策略。在当前情况下，让我们保持问题的对称性和公正性，并尝试设计一个模型，该模型在检测两类邮件时的精度大致相同。

18.3.3 数据偏度

精度与召回率之间的权衡优化也会受到数据偏度的影响。这是分类系统设计的另一个方面。18.3.2 节中的大多数陈述都间接地假设垃圾邮件和真实邮件的样本数量相等，或者更一般地说，现实世界中垃圾邮件和真实邮件的分布大致相等。事实可能并非如此。让我们假设垃圾邮件的数量只有 40%，其余的 60% 是真实电子邮件。在这种情况下，如果我们将模型设计为两个类的精度是同样精确的（比如 80%），那么最终的总体准确率也将达到 80%。但是，请考虑这样一种情况：我们将模型设计为对真实邮件的准确率为 90%，而对垃圾邮件的准确率仅为 70%。现在让我们看看总体准确率是多少。总体准确率是通过每类的分布加权计算的。因此，总体准确率为：

$$\text{acy is slightly higher than the accuracy achieve} \tag{18.1}$$

因此，总体准确率略高于前面处理两种准确率同等重要的方法所获得的准确率。少量的偏度通常不会对总体准确率产生影响，但是当存在较大的偏度时（例如 10% ~ 90% 等），则需要仔细评估模型的设计。如果我们想在训练模型中消除数据偏度的影响，我们可以使用第 16 章中讨论的分层抽样技术。值得注意的是，由于分层抽样可以用来消除偏度，它也可以用来在训练数据中添加预定的偏度。现在，我们假设数据中有 60-40 的偏度倾向于真实邮件，要比垃圾邮件多。

18.3.4 监督学习

可以肯定地认为该问题严格属于监督学习类型，我们可以访问带有标签的垃圾邮件和真实邮件的训练集。一组大约 100 000 封带有标签的电子邮件（其中 60 000 封是真实邮件，其余 40 000 封是垃圾邮件）应该足以训练该模型。诸如聚类的无监督方法能够将数据分类到不同的簇中，但是由于标签没有用于分离簇，因此由无监督聚类预测的结果类别将很难量化。

18.3.5 特征工程

电子邮件的标题中包含了许多重要的信息，其格式非常复杂，除了简单的"发件人"（From）、"收件人"（To）、"日期"（date）和"主题"（Subject）之外，还包含多个字段，例如 User-Agent，MIME-Version 等。所有这些字段都可以作为用于训练分类器模型的特征空间的一部分。

电子邮件可以写成简单的文本，也可以格式化为 HTML。格式化类型本身可以作为一个特征。然后可以从实际内容中提取相当多的信息。例如，字数、行数、段落数、重复最多的关键词、拼写错误的单词数等。

18.3.6 模型训练

需要选择合适的分类算法或一组算法进行训练。具有分类特征，决策树类型方法可以很好地工作。在这种情况下，一种优化的随机森林决策树方法可能效果很好。对于简单的训练过程，将数据进行 70-30 划分就足够了。如果想通过超参数调整进一步改进模型，则可以将数据划分为 70-15-15 或 60-20-20 用于训练 – 验证 – 测试。验证步骤用于训练超参数。

如果所有特征都是数值的，那么神经网络也可以很好地工作。随着神经网络的使用，验证步骤成为强制性的。此外，为了减少过度拟合，必须以 L1 或 L2 正则化的形式使用正则化技术。

18.3.7　迭代优化过程

一旦模型的第一个版本完成，它便定义了基准性能水平。然后我们可以迭代过程的每个步骤以提高性能。可以添加和删除更多的特征，创建基于领域知识的现有特征组合的复合特征。这类特征的例子可以是：字数与段落数的比例，或原始电子邮件及其回复的日期之间的差异等。然后，可以尝试扩大超参数的搜索空间，或者进行分层抽样，看看对性能的影响。除了提高静态情况下的性能外，更重要的是周期性地不断更新模型，比如每周或每月等。数据是不断变化的，随着时间的推移，当今最优化的模型可能会变得过时且效率低下。同样，对于垃圾邮件这样的情况，垃圾邮件发送者总是不断地修改垃圾邮件的格式，以绕过垃圾邮件检测器。因此，此类系统需要设计为不断发展的。

18.4　小结

在本章中，我们研究了需要基础分类模型来解决的各种流行的现实生活问题。然后，我们详细研究了垃圾电子邮件检测的具体例子，从需要做出的假设出发来约束问题，以便可以使用合适的训练数据和机器学习算法来解决该问题。最后，我们研究了如何通过迭代所有步骤来改进整个过程。

回　归

19.1　引言

在本章中，我们将研究回归技术在现实生活中的应用。回归问题的特点是对实际值输出的预测。输入特征不需要仅仅是数值的。它们的范围可以从数值、类别到纯字符串值。我们将以原始形式处理问题，然后通过适当的假设来构建一个适合机器学习系统解决的问题，并构建一个精细的框架，以适合定量指标的形式来分析系统的结果。

19.2　预测房地产价格

预测房地产的价值一直是我们生活各个阶段的热门话题之一。该问题的解决对于消费者、银行以及房地产经纪人等都是有益的。该预测将是美元金额的实际值，因此完全适合作为一个回归问题。重要的是要确定问题的细微差别，以进一步缩小问题的范围。当人们谈论房地产价值时，会涉及很多方面，我们必须将定义缩小到我们想要解决的具体问题。

19.2.1　定义回归特定问题

为了定义我们要解决的具体问题，让我们首先列出谈到房地产定价时所有不同的方面。

房地产价值预测中的几个方面

1.某些特定房产的价格随时间特别是在不同季节的变化趋势。

2.某类房产的价格，例如特定区域的一套有 2 张床的公寓。

3.某一地区房屋的平均价格。

4. 不同地区某一类型房产的价格范围。

5. 给定时间某个特定房产的价格。

尽管上面的清单还远远不够全面，但它提供了人们在处理房地产价格时可以考虑的可能不同方向的想法。从机器学习的角度来看，每个方面都定义了一个不同的问题，需要不同的特征集，甚至可能需要不同类型的模型和不同类型的训练数据。对于当前的情况，我们将从列表中选择最后一个问题，以预测给定时间某个特定房产的价格。当考虑到房产类型时，即使是这个问题也可以从明显不同的方向来解释。该房产可以是一片空置的土地，也可以是一处商业地产，或者是单户住宅地产。在每种情况下，影响价格的因素是截然不同的，最终会导致完全不同的机器学习问题。现在，让我们考虑一下单户住宅房产的问题，特别是单户住宅。

19.2.2 收集标记数据

下一步是识别标记的数据集。由于回归是一种监督学习问题，没有合适的标记数据集，我们无法继续进行。

从缩小问题的角度来看，我们需要的数据应包括特定时间范围内一组房屋的价格，比如从 2019 年 1 月 1 日到 2019 年 1 月 31 日。我们需要将目标房产所在的当地社区以及社区周边一些扩展区域在该时间范围内出售的房屋包括在内。可用的房屋越多越好。这里的经验法则是测试集中至少有 30 座房屋，这样预测就有足够的统计意义。通常，我们将训练集和测试集划分为 70% 和 30%，所以我们总共需要至少 100 座房屋。从模型训练的角度来看，在合理范围内，几乎普遍认为越多越好。在训练数据中选择与我们要预测的房屋相似的房屋也很重要，但是应该在房屋的两边都有分布。例如，如果我们要预测面积为 2500 平方英尺的具有 3 间卧室和 2 间浴室的房屋的价格，我们应该有小于和大于 3 间卧室，小于和大于 2 间浴室的房屋，依此类推。这种分布使预测问题成为插值问题而不是外推问题。大多数机器学习模型在插值区域上的表现明显比外推区域更好。图 19.1 展示了插值和外推之间的差异。考虑到 x 轴和 y 轴是从特征集中绘制某些特征值，比如房屋面积和地块面积等。插值是一个更容易且更具确定性的问题，其中我们试图使用合适的机器学习模型映射函数的行为是已知的。在外推的情况下，该函数在特定邻域中的行为是未知的。只要外推区域中的行为没有太大差异，该模型仍然可以预测合理准确的结果，但是预测的置信度较低。

划分数据

一旦收集到标记的数据，我们需要将其划分为 2 或 3 个子集，如下所示：

- 训练集
- （可选）验证集
- 测试集

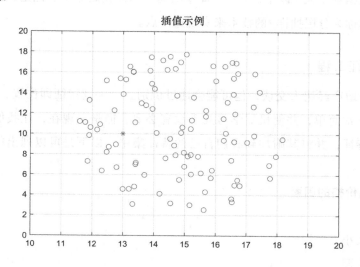

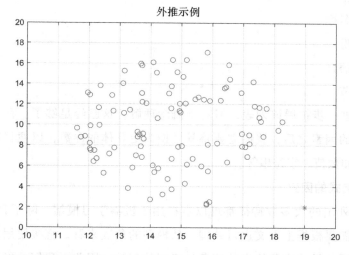

图 19.1 需要预测函数值的点显示为星号。上面的图显示了一个插值情况，其中
点位于训练集中其他点覆盖的区域内。下面的图显示了一个外推情况，
其中点位于训练集中其他点覆盖的区域之外

训练集和可选验证集通常选择为 70% 或 75%，测试集则相应地选择为 30% 或
25%。使用交叉验证等方法优化超参数需要验证集。如果模型不需要超参数调整，则不
需要验证集。

抽样

理想情况下，与测试集相比，训练集应该具有相同的数据分布，但是在实践中很难实现。当数据集很大（以千计）时，简单的随机抽样就足够了。但是，当数据集很小时，可以使用称为分层抽样[⊖]的技术来实现这一点。

19.2.3 特征工程

如果与房地产经纪人交谈，他可能会通过识别三个关键特征即位置、位置和位置，使问题变得非常简单，并使机器学习几乎没有必要。但是，现在，让我们使用经纪人建议的单一特征，并将其附加到我们自己的特征集中。以下是可以列出的可能影响价格的因素。

影响原始价格的因素

- 位置
- 房屋大小
- 房屋类型
- 建造商名称
- 建成年份
- 停车场信息
- 内部细节

我们可以进一步扩展该列表，但对于概念理解，这已经足够了。在识别了上面列出的原始形式的因素之后，我们需要将其转换为更具体的参数，以便将其识别为标准数据类型，例如数值、字符串等。

标准数据格式的因素

表 19.1 中列出的大多数特征都可以直接用于机器学习模型，除了日期时间特征。日期时间特征需要根据上下文进行处理。从模型的角度来看，直接使用日期时间字符串并不是很有用，且该字段给出的信息是房屋的年龄。因此，我们可以根据任何适当的情况，以年数、月数甚至天数的形式将建造日期转换为房屋年限。标有上标"a"的某些数值特征也可以用作分类特征，因为这些字段仅具有少量的确定性值。但是，以数值形式使用它们是完全安全的。

⊖ 当一个种群包含多个亚种群时，尤其是在分布不均匀的情况下，从联合种群的均匀随机抽样不能保证亚种群分布与原始种群相似。在这种情况下，使用一种称为分层抽样的技术。在分层抽样中，每个亚种群分别进行抽样，然后将这些样本混合以创建总体样本。

表 19.1 预测独户住房价格的特征

特征名	数据类型
位置 – 邮政编码	数值 – 分类
位置 – 城市名称	字符串 – 分类
位置 – 县	字符串 – 分类
位置 – 州	字符串 – 分类
位置 – 街道名称	字符串 – 分类
房屋面积	数值
地段面积	数值
卧室数量	数值 [a]
卫生间数量	数值 [a]
楼层数	数值 [a]
建筑材料	字符串 – 分类
建造商名称	字符串 – 分类
建造日期	字符串 – 日期时间 [b]
有无车库	二元
车库大小	数值 [a]
地板类型	字符串 – 分类

a. 这些数值特征也可以视为分类特征
b. 日期时间特征在用于本章稍后讨论的机器学习模型之前需要单独处理

因此,我们已经确定了可以用来构建模型的一组合适的特征集。将特征与标签一起绘制,以查看特征空间的分布及其与结果的相关性,是一种很好的实践。在这种情况下,诸如主成分分析之类的技术会很有用。这些图提供了对将要传递到模型中的数据的额外见解,这些见解在我们迭代训练过程以优化性能指标时会有所帮助。

19.2.4 模型选择

使用在本书前一部分中学习的算法的全部知识,我们可以选择任何合适的算法来解决当前问题。这里有几个选择:

- 基于决策树的回归
- 逻辑回归
- 神经网络
- 支持向量回归

一旦选择了模型,我们就可以通过相应的训练 – 验证过程来优化训练数据上的模型性能。

19.2.5 模型性能

确定正确的指标集来计算模型性能是非常重要的。如果指标选择不正确，整个过程可能会导致一个性能非常差的模型，从而提供次优的结果。考虑到当前的回归情况，合适的指标可以是：

- 预测值的均方根（RMS，Root Mean Square）误差
- 预测值的 MA 误差
- 绝对误差的均值、标准差或方差
- 最大绝对误差

确定每个指标的边界，使生成的模型可以接受是很重要的。如果指标不在边界范围内，则需要迭代整个或部分过程。以下是几种可能的迭代方法：

- 使用不同的模型
- 更改交叉验证策略
- 更改、添加或删除特征
- 重新划分数据

19.3 回归的其他应用

上面的例子说明了构建基于回归的应用的细节。还有许多其他领域需要回归技术。其中一个非常重要的应用标志着一个完整的研究领域，称为无损检测和评估或 NDT/E（Non-destructive Testing and Evaluation）。NDT/E 封装了一个系统的所有检查类型应用，其中检查需要在不影响或停止系统正常运行的情况下进行。例如，飞机的检查、核电站各种部件的检查或天然气或石油输送管道的检查[65]。这些检查需要在不打开飞机、停止核反应堆或停止管道输送任何石油或天然气的情况下进行。使用各种传感器检查系统，并以数字形式收集检查数据。然后对数据进行分析，以预测系统中的任何缺陷或瑕疵。大多数这样的问题都是应用回归技术的良好示例。

19.4 小结

在本章中，我们研究了基于回归理论的实际应用。这种分析以定量问题定义、约束优化和遵循一定的假设的形式，让人们对需要进行的各种实际考虑有了大致的了解。

排　　名

20.1　引言

本质上，排名是信息的排序。不知不觉中，我们总是根据一些指标对周围的事物进行排名。我们根据产品的评论对其进行排名；根据运动员在一个赛季中的表现对不同运动项目的运动员进行排名；根据电影和音乐专辑的收入对其进行排名；根据股票的预期增长对其进行排名等。在这方面，排名应该是基础数学中的一个简单规则，而不是机器学习的一个方面。但是，基于它们的应用，排名已经成为机器学习和人工智能系统中非常流行和热门的话题。这里最明显的例子之一就是 Google 在 21 世纪的指数级增长，这确实是基于 Google 对网页排名的独特方式。

排名的常见应用包括搜索和信息检索问题、推荐系统、机器翻译、数据挖掘等。当人们在搜索引擎中查询字符串或在在线流媒体网站中查询电影名称时，通常会有数十或数百个与查询进行某种匹配的结果。实际上，没有用户会查看所有这些结果，因此需要创建一些其他量化指标，这些指标将有助于对成百上千的结果以某种方式进行排序，以便于我们只向用户展示前 5 或前 10 的结果，如果用户继续请求，则按连续顺序显示更多结果。这将使用户体验大大优于结果的随机呈现。排名定义了底层模型，该模型能够在将结果呈现给用户之前以最优的方式对其进行排序。由于排序问题从根本上不同于其他机器学习问题，因此还需要一组单独的指标来进行分析。在本章中，我们将研究排名系统中不同的实际例子，并研究在该过程中使用的各种技术和指标。

20.2　度量排名性能

主观上，理想的排名算法定义为：

定义 20.1   能够严格按照相关性非递增顺序对项目进行排名的算法。

这里的相关性因子是一种重要的度量，需要为每个排名问题定义它。现在，让我们尝试将这种主观定义转换为数学表达式。假设有 n 个需要排名的项目，每个项目的相关性得分为 r_i，$i = 1, 2, \cdots, n$。一种简单的度量，称为累积增益（CG，Cumulative Gain），在这些相关性上定义为：

$$CG = \sum_{i=1}^{n} r_i \qquad (20.1)$$

CG 本质上代表了聚合搜索结果的总体质量。由于表达式中没有位置因素，CG 不提供任何有关排名的信息。因此，修改后的度量定义为折损累积增益或 DCG（Discounted Cumulative Gain）。DCG 定义为：

$$DCG = \sum_{i=1}^{n} \frac{r_i}{\log_b i + 1} \qquad (20.2)$$

对数的底数 b 通常使用 2。使用 $i + 1$ 而不是 i 的原因是考虑 $i = 1$ 的情况。在这种情况下，分母将为 0，该度量将毫无意义。如果高度相关的项目排名较低，则此表达式将惩罚排名。为了查看该表达式的效果，让我们举一个真实的例子。表 20.1 显示了一组项目，其相应的相关性得分在 0.0 到 1.0 之间。得分为 0.0 表示完全没有相关性，而 1.0 表示可能的最高相关性。但是，给定集合中的最大相关性为 0.6。表格中的第三列给出了式（20.2）中定义的相应的折损相关性得分（不求和）。

表 20.1   采用相关性得分排名的项目样本集

项目编号	相关性得分	折损相关性得分
1	0.4	0.4
2	0.25	0.16
3	0.1	0.05
4	0.0	0.0
5	0.3	0.12
6	0.13	0.05
7	0.6	0.2
8	0.0	0.0
9	0.56	0.17
10	0.22	0.06

在这种情况下，它们是任意排名的。

如果我们将折损相关性得分相加，则得到的 DCG 为 1.20。我们可以看到，这种排名并不理想，因为排名最高的项目排在第 7 位，并且所有项目都是相当随意地排名。现在，让我们修正排名，并重新计算折损相关性得分，如表 20.2 所示。

表 20.2 使用非递增相关性得分进行理想排名的项目样本集

项目编号	相关性得分	折损相关性得分
1	0.6	0.6
2	0.56	0.35
3	0.4	0.2
4	0.3	0.13
5	0.25	0.1
6	0.22	0.08
7	0.13	0.04
8	0.1	0.032
9	0.0	0.0
10	0.0	0.0

现在，如果将折损相关性得分相加，我们得到 1.53，这明显高于之前由项目的随机排序产生的得分。因此，如果我们有相应的相关性得分，就拥有了 DCG 形式的良好指标，可以比较两组不同的排名。虽然该系统有一个轻微的缺陷，那就是得分为 0.0 的项目的存在和位置。如果我们删除得分为 0.0 的项目，我们将仍然具有相同的得分。然而，在现实中，如果我们将项目呈现给用户，则没有得分为 0.0 的项目的集合会比有这些得分的项目的集合更好。但是，在不影响 DCG 常规操作的情况下，对得分为 0.0 的项目进行惩罚是相当复杂的，通常按原样使用。

DCG 还有一个问题，即根据相关性得分的值的范围，得分的实际值是相当任意的。例如，如果将相关性得分重新调整为 0 到 5，而不是以前的 0 ~ 1，那么理想的 DCG 将从 1.53 跳至 7.66，而随机 DCG 将从 1.20 跳到 6.01。所有这些值都是相当任意的，在不知道 DCG 的理想值为 7.66 的情况下，6.01 的值没有太大意义。因此，引入另一个指标作为归一化 DCG 或 nDCG。nDCG 定义为：

$$nDCG = \frac{DCG}{iDCG} \tag{20.3}$$

其中，iDCG 是理想 DCG 的值。

20.3 搜索结果排名和谷歌的 PageRank

仅当我们对每个项目的相关性得分进行单一数值度量时，以上讨论的所有指标才成立，并且提供了一种很好的排名质量度量。但是，得出这样的得分并不总是一件容易的事。而这种度量的好坏才是建立良好排名系统的真正决定因素。

拥有更好的搜索结果是 Google 在 21 世纪前十年呈指数增长的关键方面。当时已经有很多可用的搜索引擎，而且它们还不错。然而，Google 只是具有更好的结果。所有搜索引擎都在爬取相同的网站，并且没有 Google 拥有的秘密数据库。它比竞争对手做得好几个数量级的一个方面是搜索结果的排名。PageRank[33] 的概念是 Google 排名的核心。在 Google 的 PageRank 出现之前，常用的页面排名技术是特定查询出现在页面上的次数。但是，PageRank 提出了一种全新的基于重要性的页面排名方法。这种重要性是根据引用给定页面的其他页面的数量以及这些页面的重要性来计算的。该系统创建了一种新的相关性度量定义，基于这种度量进行排名，证明该度量在获得更好的搜索结果方面非常有效，而剩下的已经是历史了！

20.4　排名系统中使用的技术

信息检索和文本挖掘是与搜索网站或电影等相关的排名系统中重要的核心概念。我们将专门研究一种称为关键字识别 / 提取和词云生成的技术。这种方法是大多数文本挖掘系统的基础，这些技术的知识是非常宝贵的。

关键字识别 / 提取

图 20.1 显示了 1863 年亚伯拉罕·林肯在著名的葛底斯堡演说中的词云。词云是从一个文档或一组文档中识别出的关键字的图形表示。每个关键字的大小表示它的相对重要性。让我们看看找到这些重要性所需的步骤。

构建词云的步骤

1. 清理数据。该步骤包括删除所有格式字符以及标点符号。

2. 数据标准化。这个步骤包括使所有字符小写，除非需要区分大写字母和小写字母。标准化的另一个方面是词形还原或词干提取。该步骤涉及应用语法查找每个单词形式的词根。例如，running 的词根是 run 等。

3. 删除停用词。此步骤包括删除通常在任何文本中使用且其本身没有意义的所有常用单词。例如，a、them for、to、and 等。

4. 计算剩余每个单词的出现频率。

5. 按频率降序对单词进行排序。

6. 以图形方式绘制前 n 个关键字以生成词云。

图 20.1 亚伯拉罕·林肯著名的葛底斯堡演说中的词云

以上分析对于单个文档的情况非常有效。当有多个文档时，还有一种有用的技术。它称为 TF-IDF（Term Frequency - Inverse Document Frequency），或词频 – 逆文档频率。词频的计算方法与上述类似。逆文档频率是一个有趣的概念，它基于给定关键字在当前文档中相对于其他文档的重要性。因此，频繁出现在所有文档中的单词在这些文档中都具有较低的 IDF 值。但是，当一个关键字仅在一个文档中频繁出现，而在其余文档中几乎不出现时，则它在给定文档中的重要性就更高。数学上，这两个术语定义为：

$$tf = \frac{给定文档中单词的频率}{给定文档中任何单词的最大频率} \tag{20.4}$$

$$idf = \frac{给定文档中单词的频率}{出现该单词的文档总数} \tag{20.5}$$

因此，结合 tf 和 idf，我们可以在处理多个文档时生成更好的关键字重要性度量。

20.5 小结

在本章中，我们研究了机器学习和人工智能背景下的排名问题及其演变，从简单的项目排名到信息检索以及由此产生的用户体验。我们研究了计算相关性的不同度量和比较不同排名集的指标，以及排名文档中使用的不同技术。

推 荐 系 统

21.1 引言

推荐系统是机器学习领域中一个相对较新的概念。实际上,推荐是一个朋友或同事给另一个朋友或同事的简单建议,让他去看电影或去某个餐厅吃饭。关于推荐,最重要的事情是它们非常个人化。我们推荐给朋友作为首选的餐厅,可能根本不会推荐给另一个朋友,取决于他 / 她的喜好。通常情况下,推荐的人在推荐背后没有任何不可告人的动机,但在某些情况下也可能并非如此。例如,如果我的一个好朋友开了一家新餐厅,那么我可能会把它推荐给我的其他朋友,而不管他们的喜好如何。

在建立大规模推荐系统时,必须定量地表达这些关系,并制定一种理论来优化成本函数,以获得一个训练有素的推荐系统。现代推荐系统的核心数学理论通常称为协同过滤。Amazon 和 Netflix 等公司分别在个性化购物和电影观看体验方面对这类机器学习产生了重大影响。两种系统一开始的技术几乎和表连接一样简单,但很快就演变成一种复杂的推荐算法。Netflix 实际上已经宣布了一项公开竞赛,旨在开发性能最好的协同过滤算法,以预测电影的用户评分 [35]。一个名为 BellKor 的团队赢得了 2009 年的大奖,其预测评分的准确率比 Netflix 现有的算法高出 10% 以上。

我们将首先研究协同过滤中的概念,然后将在推荐系统的背景下研究 Amazon 和 Netflix 的案例,并在本章中了解每个案例的细微差别,同时学习构建此类系统所涉及的各种概念和算法。

21.2 协同过滤

协同过滤作为一种新兴的前沿技术,基于上下文和应用对其有多种不同的解释。

但从广义上讲，协同过滤可以定义为一种基于其他用户的兴趣或偏好数据库预测给定用户的兴趣或偏好的数学过程。非常笼统地说，这些预测基于最近邻原理。在一个方面具有相似兴趣的用户倾向于在其他类似方面也有相似的兴趣。举个例子，把这个概念简单化，如果 A、B、C 三人喜欢（Like）电影 Die Hard - 1，并且 A、B 两人还喜欢电影 Die Hard - 2，那么 C 可能也会喜欢电影 Die Hard - 2。

协同过滤器总是以矩阵的形式处理二维数据。一个维度是用户列表，另一个维度是被喜欢、观看或购买等的实体。表 21.1 给出了一个具有代表性的表。该表始终是部分填充的，表示训练数据。目标是预测所有缺失的值。表 21.1 显示的值是二进制的，但是它们也可以是数值的，或是具有两种以上类别的分类值。此外，可以看到前 10 名用户大多具有已知的评分，而后 10 名用户的评分大多是未知的。这是实践中的一种典型情况，大量数据可能非常稀疏。

表 21.1 构建推荐系统的样本训练数据

用户	电子产品	图书	旅行	家用	汽车
用户 1	Like	?	Dislike	Like	?
用户 2	Dislike	Like	Dislike	Like	Like
用户 3	Dislike	Like	Like	?	Dislike
用户 4	Like	Like	Like	Like	Dislike
用户 5	Like	Dislike	Dislike	Dislike	Like
用户 6	?	Like	?	?	Dislike
用户 7	Like	?	Dislike	Like	?
用户 8	Like	Like	?	?	Like
用户 9	Dislike	?	Dislike	Like	Like
用户 10	Dislike	?	Like	Like	?
用户 11	?	?	Dislike	?	?
用户 12	?	?	?	?	?
用户 13	?	?	Like	?	?
用户 14	?	Like	?	?	?
用户 15	?	?	?	?	Like
用户 16	?	?	?	?	?
用户 17	Like	?	?	?	?
用户 18	?	Like	?	?	?
用户 19	?	?	Dislike	?	?
用户 20	Dislike	?	?	?	?

解决方法

上述问题的解决方案可以通过几种不同的选择来解决。然而，可能可用的核心信息有三种类型。

信息类型

1. 用户画像（profile）形式的用户信息。画像可以包含一些关键方面，如年龄、性别、地点、工作类型、孩子数量等。

2. 兴趣相关的信息。对于电影来说，可以是语言、类型、男女主演、上映日期等形式。

3. 用户喜好或兴趣评分的联合信息，如表 21.1 所示。

在某些情况下，一组或多组信息可能无法使用。因此，该算法需要足够的健壮性来处理此类情况。根据所使用的信息类型，可以将算法分为三种不同的类型。

算法类型

1. 利用拓扑或邻域信息的算法。这些算法主要基于用户评分的联合历史信息。他们使用最近邻类型的方法来预测未知评分。如果历史数据缺失，这些算法就无法工作。

2. 利用关系结构的算法。这些方法假设用户与其兴趣评分之间存在一种结构关系。这些关系使用概率网络或潜在变量方法，如主成分分析或独立成分分析或奇异值分解来建模。这些方法使用联合信息以及关于用户画像和兴趣细节的单独信息。这些方法更适合处理稀疏数据和病态问题，但它们忽略了邻域信息。

3. 混合方法。大多数推荐系统会经历不同的操作阶段，在开始时评分数据不可用，唯一可用的数据是用户画像和兴趣细节。这通常称为冷启动。基于邻域的算法根本无法在这种情况下运行。因此，这些混合系统从算法开始，这些算法在早期阶段受结构模型的影响较大，然后结合了基于邻域的模型的优点。

21.3　亚马逊的个人购物体验

为了从亚马逊的角度理解这个问题，我们需要更详细的解释该问题。首先，亚马逊是一个购物平台，亚马逊本身在该平台上销售产品和服务，也允许第三方卖家销售他们的产品。来到亚马逊的每个购物者都会对他/她想要购买的产品、他/她准备花费在产品上的产品成本预算以及产品必须交付的预期日期有一些想法。体验中的第一次交互通常从搜索产品的名称或类别开始，例如，"数码相机"。这将触发一次搜索体验，类似于在第 20 章中讨论的搜索排名。该搜索将会得到一个产品列表，根据亚马逊目录中呈现的不同商品的相关性和重要性进行排名。然后，亚马逊允许用户根据价格、相关性、特色或平均商品评论评级更改排序。这些更改的结果仍然只是排名算法的扩展，实际上并不是推荐。"特色"标准通常受卖家（包括亚马逊）产品广告的影响。一旦用户根据价格、商品评论评级或品牌等点击列表中他／她感兴趣的一个商品，就会向用户显示该产品的详细信息以及其他产品集，如与该产品经常一起购买或继续搜索或赞助商品相关的产品。这些集合表示了推荐算法起作用的直接结果。

21.3.1　基于上下文的推荐

亚马逊的目录中可能有数百万种产品，但是应该推荐多少种产品需要有一定限制。如果亚马逊一开始将数百种产品列为推荐产品，则用户将迷失在列表中，甚至可能连看都不看它们，或者更糟糕的是，会因为感到困惑而转到另一个网站。此外，如果显示的推荐太少或没有推荐，那么亚马逊将失去相关产品销售的潜在增长。因此，为了使销售最大化并使用户注意力分散最小化，必须观察到两者之间的最佳平衡。此处显示的产品推荐是基于上下文的，并且只与搜索查询相关。一旦需要显示的推荐数量确定下来，接下来的问题就是推荐哪些产品。可以有多个方面指导该决策。

指导基于上下文推荐的方面

1. 推荐比所选产品便宜的其他类似的产品。因此，如果成本是阻止用户购买所选商品的唯一方面，那么推荐的商品可以解决该问题。

2. 推荐一个更受欢迎的品牌的类似产品。这可能会吸引用户购买可能更昂贵的产品，这些产品来自更受欢迎的品牌，因此更可靠或质量更好。

3. 推荐商品评论更好的产品。

4. 推荐一组通常与所选产品捆绑在一起的产品。

这些推荐将立即增加潜在的销售。例如，当选择的商品是数码相机时，推荐手提袋或电池充电器或存储卡。

21.3.2　基于个性化的推荐

基于搜索结果的推荐并不是很个性化，对大多数用户来说都是相似的。然而，真正的个性化是在查询任何特定产品之前第一次打开 www.amazon.com 时看到的。根据用户以前的搜索和购买情况，显示给用户第一个屏幕的是为该用户量身定制的。如果用户未登录，则历史购买记录可能无法使用。在这种情况下，浏览历史或 cookie 可用于建议推荐的产品。如果没有可用的信息，那么就显示在整个亚马逊买家中普遍受欢迎的产品。这些不同的情况决定了需要应用哪种协同学习算法。例如，最后一种情况表示冷启动情况，需要使用基于模型的方法，而在其他情况下，可以使用混合方法。

21.4 Netflix 的流媒体视频推荐

Netflix 是现代推荐系统的先驱之一，特别是通过公开竞赛，同时也是在线流媒体类型的首批参与者之一。早期，Netflix 提供的评分与 www.imdb.com 或其他电影评分门户网站上的评分相似。这些门户网站具有不同的方式来生成这些评分。有些评分是由专门为给定网站策划这些评分的电影编辑产生的，有些评分是从不同的报纸和其他网站聚合而产生的，而有些评分是由用户评分聚合而成的。这里最重要的区别之一是，网站上给出的评分对所有访问该网站的人都是相同的。这些电影网站没有针对任何用户进行个性化设置，因此，这些网站上提供的评分是平均评分，这对于任何个体用户而言，除了寻找一些有史以来评分最高的电影或某些特定类型的电影外，可能没有太大意义。

Netflix 的评分系统在根本上有所不同。尽管 Netflix 拥有可供所有用户观看的相同的电影集，但每个用户（Person）在登录自己的 Netflix 账户时看到的屏幕都不同。因此，Netflix 向每个用户显示的评分（Rating）或推荐是根据他们过去的观看（views）和 / 或搜索历史为该用户个性化定制的。Netflix 对具有一套通用的评分系统来产生所有时间或特定类型特定时间的最高评分电影不感兴趣，但对迎合当前已登录并有兴趣观看特定内容的特定用户更感兴趣。这些推荐只有一个目的，那就是最大化在 Netflix 的观看时间。

Netflix 用于构建其推荐系统必须使用的样本数据集与表 21.2 所示的数据集类似。对于代表该表下半部分的新用户，很少甚至几乎没有可用的评分 / 观看数据，而对于较老的用户，则有更丰富的数据。

表 21.2　为 Netflix 构建视频推荐系统的样本训练数据

用户	电影 1	电影 2	电影 3	系列节目 1	系列节目 2
	Rating, views	Rating, views	Rating, views	Rating, views	Rating, views
用户 1	8[1],2	2, 1	?, 1	7, 2	?, ?
用户 2	1, 1	9, 2	4, 1	7, 1	8, 1
用户 3	3, 1	6, 2	7, 1	?, 1	3, 1
用户 4	9, 3	8, 2	5, 1	7, 2	1, 1
用户 5	6, 1	2, 1	2, 1	4, 1	9, 3
用户 6	?, 0	6, 0	?, 0	5, 1	4, 2
用户 7	7, 1	?, 2	2, 3	9, 4	?, 1
用户 8	10, 2	8, 2	7, 1	?, 0	8, 0
用户 9	3, 1	?, 0	?, 0	2, 2	10, 0
用户 10	1, 1	?, 0	8, 1	10, 5	4, 1
用户 11	?, 0	?, 0	2, 1	?, 0	?, 0

（续）

| 用户 | 电影 1 | 电影 2 | 电影 3 | 系列节目 1 | 系列节目 2 |
	Rating, views	Rating, views	Rating, views	Rating, views	Rating, views
用户 12	?, 0	?, 0	?, 0	?, 0	?, 0
用户 13	?, 0	?	8, 2	?, 0	?, 0
用户 14	2, 1	5, 1	?, 0	?, 0	?, 0
用户 15	?, 0	?, 0	?, 0	?, 0	7, 1
用户 16	?, 0	?, 0	?, 0	?, 0	?, 0
用户 17	6, 2	?, 0	?, 0	?, 0	?, 0
用户 18	?, 0	9, 2	?, 0	?, 0	?, 0
用户 19	?, 0	?, 0	1	1, 0	?, 0
用户 20	1, 1	?, 0	?, 0	?, 0	?, 0

① 评分在 1 到 10 之间。10 表示最喜欢，1 表示最不喜欢。

21.5　小结

在本章中，我们研究了协同过滤技术。然后研究了亚马逊和 Netflix 部署推荐系统的具体情况。推荐系统代表了机器学习领域中的一个相对较新的领域，它是该领域的前沿技术，并且正在强劲发展中。

第 22 章

Machine Learning and Artificial Intelligence

Azure 机器学习

22.1 引言

|第五部分|
Machine Learning and Artificial Intelligence

实　现

要么去做，要么放手，没有尝试！！

——Yoda，《星球大战：帝国反击战》

简要介绍

在这一部分中，我们将介绍几个选项以实现简单的机器学习管道。这将使到目前为止讨论的所有概念具体化，并为读者提供实践经验。

Azure 机器学习

22.1　引言

在前面的章节中，我们学习了不同的机器学习技术，以及如何使用它们来构建人工智能应用，现在已经达到准备实现此类系统并使用它们的时候。在实现时有多种选择。其中大多数涉及 Python 或 R [⊖]中的开源库，甚至更多主流的编程语言，如 Java、C# 等。但是，使用这些库是一项比较复杂的任务，我们将在第 23 章中介绍该选项。

22.2　Azure 机器学习工作室

在本章中，我们将重点介绍 Microsoft Azure 机器学习工作室，也称为 AML（V1）。此后我们将其称为 AML。AML 为机器学习模型的实现提供了一个非常简单和直观的流程图类型平台。我们在前几章中讨论的大多数功能都以预构建块的形式提供。可以将这些块连接起来以形成数据处理管道。每个块都允许进行一些定制。尽管 AML 工作室并不是完全开源的选项，在这里你可以查看所有模型背后的代码，并根据需要进行更新，但它仍然是一个免费使用的选项，是完美的开始。只需几个小时，就可以开始使用 AML 工作室构建复杂的机器学习模型。对于该领域的新手来说，这是一个非常理想的选择，可以让人增强信心。

如何开始

需要访问的第一个地方是：https://studio.azureml.net/。在这里，用户将看到图 22.1

⊖ R 是一种开源的统计分析语言。它有一个庞大的追随者和开发人员社区，他们也在机器学习中添加了很多软件包。

所示的屏幕。在这里，你可以使用 Microsoft 账户，例如 hotmail.com 或 outlook.com 等登录。不需要购买就可以开始构建机器学习模型。登录后，你将看到如图 22.2 所示的屏幕。左侧菜单中有多个选项，但是我们仅使用称为 Experiments 的功能。目前，它表明还没有创建实验。因此，让我们从第一个开始。我们将使用经典的基于 Iris 数据的多分类来说明使用 AML 工作室的机器学习管道中的主要组件。

图 22.1　Azure 机器学习工作室的登录界面

图 22.2　登录到 Azure 机器学习工作室后的默认界面

让我们点击屏幕左下方的 + New 选项。出现图 22.3 所示的屏幕。它提供了加载大量预配置实验的选项。可以通过它们来了解工作室的不同功能，但是现在，我们将从空白实验（Blank Experiment）开始。通过这种方式，我们可以看到如何使用 AML 工作室从头开始并构建端到端的机器学习管道。

选择 Blank Experiment 选项后，用户将看到中间的一个空白的实验画布，左侧面板上可以看到所有预先构建的机器学习工具。右侧面板显示了在画布中选择的特定工具的属性，如图 22.4 所示。现在，我们已经准备好在实验中获取 Iris 数据并构建机器学习管道。

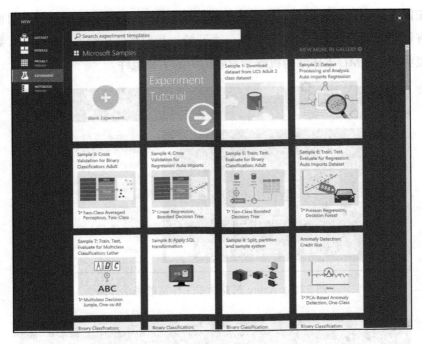

图 22.3　新建实验界面

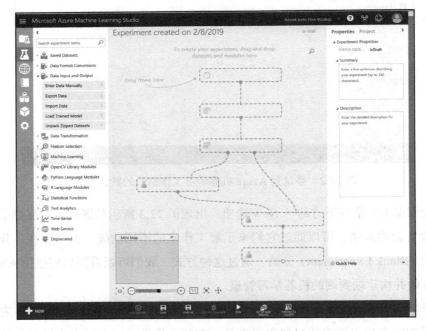

图 22.4　用于新实验的空白画布

22.3　使用 AML 工作室构建机器学习管道

在本节中，我们将介绍使用 AML 工作室构建多分类管道的所有步骤。

22.3.1　获取数据

该过程的第一步是导入数据。AML 提供了各种不同的选项来使用 Import Data 块导入数据，如图 22.4 所示。图 22.5 显示了所有选项。但是，由于 Iris 数据非常小，我们将仅使用名为"手动输入数据"（Enter Data Manually）的块。这个块可以通过拖拽放到实验画布上。单击右侧面板上的块后，它将显示你希望如何输入数据的选项。让我们选择默认选项 CSV，将 CSV 数据粘贴到 Data 块中，如图 22.6 所示。可以直接从文献 [3] 中复制数据。

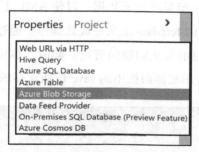

图 22.5　各种数据导入选项

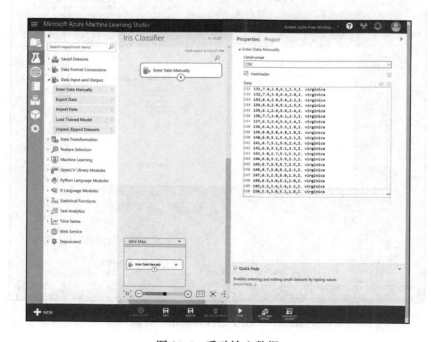

图 22.6　手动输入数据

22.3.2　数据预处理

手动输入的数据包含单个集合中的所有特征和标签。我们需要将它们分开并相应地标记它们，以便 AML 工作室可以相应地处理这些特征和标签。这可以通过两个步骤完成：

1. 在左侧面板的"数据转换"–>"操作"（Data Transformation–>Manipulation）中，使用 Dataset 块中的"选择列"（Select Columns）。

2. 使用该块两次来分别选择特征和标签。

要选择列，只需单击右侧面板中的启动列选择器（Launch column selector）。这将带来如图 22.7 所示的用户界面。使用该用户界面两次以选择集合中的特征以及另一个集合中的标签。可以通过从块顶部和底部的连接器气泡中拖动鼠标来连接管道中的后续块，如图 22.7 所示。下一步是编辑元数据，以使 AML 工作室知道这些特征和标签。可以使用左侧面板中的 Edit Metadata 块来完成此操作。通过单击底部面板上的 Run 按钮，我们可以随时运行到目前为止构建的管道。同时，你可以在画布的左上角为实验指定一个合适的名称，并使用底部面板中的 save 按钮保存该实验。

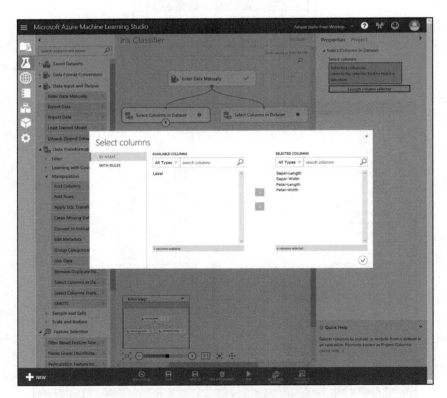

图 22.7　用于选择列的用户界面

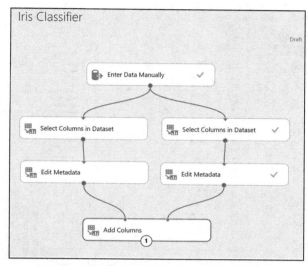

图 22.8　数据预处理结束时的机器学习管道

特征和标签元数据更新后，我们可以使用 Add Columns 块将列添加回单个数据集中。到目前为止，管道应如图 22.8 所示。此数据是干净的，并且没有缺失值。另外，由于所有特征均已采用数值形式，因此我们的数据预处理步骤现已结束。

一旦管道的任何块成功执行，就将其标记为绿色的勾号。这些块的输出可以可视化，以便深入了解数据处理。图 22.9 和图 22.10 显示了可视化的两个示例，还可以看到数据的直方图。

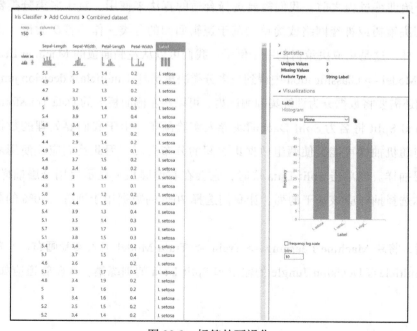

图 22.9　标签的可视化

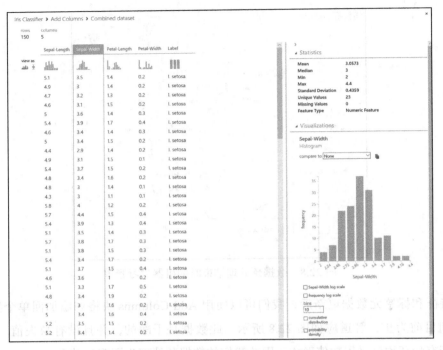

图 22.10   特征之一的可视化

22.3.3   训练分类器模型

在开始训练过程之前，我们需要选择合适的算法来使用。对于多类分类器，我们可以使用决策树或神经网络或简单的基于逻辑回归的分类。作为首次尝试，让我们选择决策丛林，这是集成决策树的一个例子。我们可以从左侧面板的 Machine Learning –> Initialize Model –> Classification 中得到块多分类决策丛林（multiclass decision jungle）。

我们还需要将数据分为训练集和测试集。可以从左侧面板上的 Data Transformation –> Sample and Split 将名为 Split Data 的块导入实验画布。由于我们要处理的数据量非常小，均匀随机抽样可能会使两组数据集之间的分布失真，因此我们应该使用基于标签值的分层抽样。当单击 Split Data 块时，它会在右侧面板上显示启用分层抽样的选项，然后让你选择抽样应该基于的列。让我们选择 70% 的数据用于训练，30% 的数据用于测试。

然后，将块 Machine Learning –> Train –> Train Model 引入实验画布。它需要两个输入：Multiclass Decision Jungle 的输出和 Split Data 的训练集。实验管道应如图 22.11 所示。

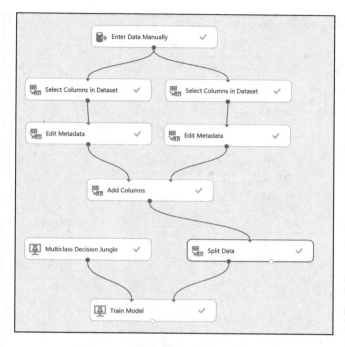

图 22.11　到训练模型的机器学习管道

22.4　评分和性能指标

处理的下一步是使用经过训练的模型对测试集进行评分。我们可以使用左侧面板上的 Machine Learning –> Score 中的块 Score Model。它把这两个输入作为训练模型和测试数据。在对测试集进行评分之后，我们可以将测试结果与已知标签[⊖]中的预期类别进行比较。可以使用左侧面板上的 Machine Learning –> Evaluate 中的块 Evaluate Model 来完成。一旦所有模块都连接起来，整个管道就应该如图 22.12 所示。评估块不仅计算准确率，它还显示了完整的混淆矩阵（confusion matrix），该矩阵显示了模型如何对每个样本进行分类，如图 22.13 所示。从混淆矩阵中可以看出，分类器以 100% 的准确率对 Versicolor 类进行分类，但不能将其他两个类也分开。由于数据是随机划分的，因此可以重复运行以查看其对模型性能有多大的影响。如果两次运行之间存在显著差异，则意味着数据中存在很大的偏度。理想情况下，多次运行应该产生非常相似的结果。

⊖　来自测试数据的这组已知标签在机器学习文献中通常被称为 ground truth。

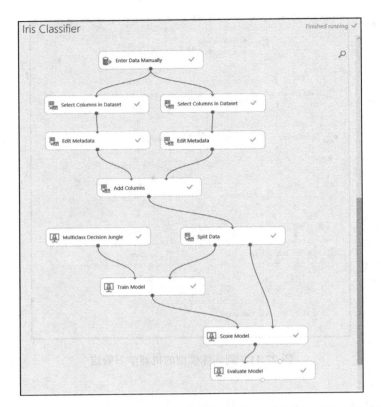

图 22.12   使用决策丛林多类分类器从输入数据到评估模型的完整机器学习管道

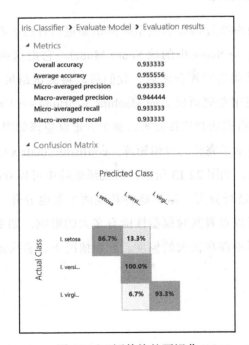

图 22.13   评估块的可视化

比较两种模型

现在，我们有一个完整的机器学习管道，以决策丛林作为底层算法。接下来，我们可以使用另一种算法训练模型，并比较两种算法的结果。如图 22.12 所示，评估块可以接受两个输入，但是到目前为止，我们仅提供了一个。第二个输入来自使用相同数据训练的另一个模型。我们将重复前面描述的步骤，添加多类神经网络作为第二个模型，并使用评估块将其与决策丛林进行比较。机器学习管道现在应该如图 22.14 所示。一旦执行了新的管道，我们可以看到对比评估结果，如图 22.15 所示。从比较结果可以看出，多类神经网络的性能似乎优于决策丛林。由于数据是严格数值的，决策树类型模型没有优势（决策树模型在处理分类数据时具有算法优势），并且经过适当调整的⊖神经网络通常在纯数值数据上表现更好。

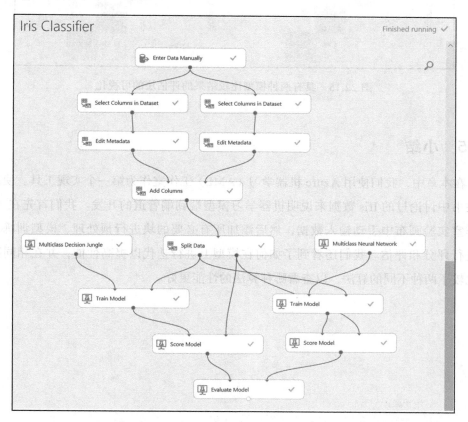

图 22.14　采用决策丛林和神经网络两种模型作为多分类器的完整机器学习管道

⊖　当我们单击用于多分类神经网络或多分类决策丛林的 Initialize Model 块时，可以在右侧面板上看到一个完整的参数列表。目前，我们已经为所有这些参数都选择了默认值，但是可以使用左侧面板中的块 Tune Model Hyperparameters 来进一步优化神经网络模型。该块替换了简单的 Train Model 块，并使用网格搜索执行超参数调整。但是，我们将把这个讨论推迟到第 23 章。

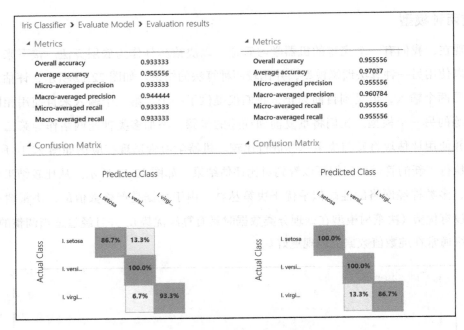

图 22.15   具有两种模型比较结果的评估块的可视化

22.5   小结

在本章中，我们使用 Azure 机器学习（AML）工作室作为第一个实现工具。使用之前在书中讨论过的 Iris 数据来说明机器学习模型端到端管道的开发。我们首先在 AML 工作室实验画布中手动输入数据，然后添加所有必要的块进行预处理、模型训练，然后进行评分和评估。我们还看到了如何在模型上进行迭代以提高性能，并在相同数据上比较了两种不同的算法，以查看哪种算法的性能更好。

开源机器学习库

23.1 引言

既然我们已经使用 AML 工作室构建了第一个端到端的机器学习管道，就无法使用开源库来深入研究更复杂的问题及其解决方案了。在过去的几年里，不同的机器学习库不断涌现。几乎每所大学和大型科技公司都发布了它们自己版本的代码库。由于库本身不是编程平台，它们总是需要与现有平台一起使用。最受关注的平台是 Python。Python 是一个有趣的平台。它首先是一种解释性的编程语言⊖。可解释使它很容易开始，因为只需编写第一行代码即可运行。尽管是一种可解释性语言，但它具有一些真正先进的功能，吸引了许多公司和大学制定这种事实标准，用于机器学习库的开发。

23.2 机器学习库的选择

以下是一些比较流行的开源机器学习库：

1. scikit-learn：scikit-learn，也称为 sklearn，是最流行的机器学习库之一，它还支持大多数类型的模型。这是基于 Python 生态系统构建的。

2. TensorFlow：TensorFlow 是一个由 Google 发布的开源库。它支持多种语言，包

⊖ 编程语言主要分为两种类型：编译型和解释型。在解释型语言中，执行代码时，每一行都被一个接一个地执行。因此，如果代码中有任何错误，则直到该行执行后它们才会出现。此外，用解释语言编写的代码不是最佳的，因为它并不是真正的整体优化。编译语言是不同的。甚至在执行第一行之前，该语言称为编译器的一部分会读取所有行并查找它们是否有任何错误。如果有，则编译过程本身将失败，并通知用户该错误。一旦代码没有错误，编译器将根据语言语法编写的英文代码转换为二进制形式，然后执行。因为编译器会在运行任何单独的代码之前查看整个代码，所以它可以优化整个代码块以获得更快的执行速度或更小的内存占用一样。但是，编译的额外复杂性可以吓跑初学者。

括 Python、C#、Java 等。TensorFlow 更面向深度学习应用，不支持很多经典的机器学习[⊖]技术。

3. Theano：Theano 是另一个针对深度学习应用的机器学习库。它主要基于 Python 生态系统。

4. CNTK：Microsoft 认知工具包，也称为 CNTK，是另一种针对深度学习的机器学习库，由 Microsoft 以开源形式发布。CNTK 支持 Python 和 C ++。

5. Keras：Keras 是一个有趣的选择。它在现有的库如 Theano、TensorFlow 和 CNTK 的基础上提供了更高级别的接口。它提供了统一的命令，以使用 Python 的三个平台中的任何一个来构建深度学习管道。

6. Caffe：快速特征嵌入卷积神经网络框架或 Caffe（Convolutional Architecture for Fast Feature Embedding），是另一个面向 Python 编写的神经网络和深度学习的机器学习库。

7. Torch：另一个深度学习库，主要是为另一种称为 Lua 的语言编写的。Lua 与 C 有更深的联系，因此 Torch 也与 C 或 C++ 兼容。

大多数深度学习库也支持基于 GPU[⊖]的计算。这并不意味着它们不能在没有 GPU 的系统上工作，但是如果您有一个强大的 GPU（特别是 Nvidia GPU），则可以使用 CUDA 支持来加速计算。

除了这些开源库之外，还有一些高级平台可用于开发机器学习模型，例如 Matlab。它们提供了库与现有开发环境的更好集成，但是它们并不是一开始就必须的。还有另一个有趣的机器学习库，称为 MLLIB。但是，它作为分布式计算机网络上称为 Spark 的机器学习平台而被支持。通常，用于开发机器学习模型的数据规模远远超出了单个 PC 的范围（换句话说，当处理大数据时），必须采用分布式计算。Spark 是流行的开源分布式计算平台之一，并且 Spark 只支持 MLLIB。

由于本书的范围不仅限于深度学习，但我们现在需要深入研究大数据，将使用 sklearn 作为库的选择。一旦熟悉了 sklearn，跳转到其他库的深度学习应用也相对容易。

⊖ 术语"经典机器学习"是指不使用深度学习的机器学习技术。它们包括支持向量机、决策树、概率方法等。

⊖ 图形处理单元或 GPU（Graphics Processing Unit）有时也称为计算机中的显卡。传统上，显卡要么嵌入在计算机的主板上，要么可以作为离散卡添加。GPU 的主要功能是管理显示器上信息的显示。它们大量用于电子游戏。与 CPU 相比，GPU 具有根本不同的体系结构，不适合由 CPU 执行的典型计算。但是，GPU 通常提供大规模的并行处理支持。与典型的图形计算一样，需要对屏幕上呈现的每个像素执行类似的计算。Nvidia 发现了这一优势，并创建了一个名为 CUDA 的库，该库公开了一些专门针对深度学习类型应用进行优化的类似 CPU 的命令。上面提到的大多数深度学习库都支持 CUDA 来加速深度网络的训练。尽管为了真正看到性能的提升，需要一个真正高端的 GPU。

23.3　scikit-learn 库

scikit-learn 或 sklearn 库基于核心 Python 和少量附加库，如 NumPy、SciPy 和 Pandas 构建。还需要绘图库 Matplotlib。我不会在这里详细介绍 Python 和其他库的安装。根据所使用的操作系统，有多个选项可以执行此操作。文献 [19-25] 是一些有足够信息的链接。

23.3.1　开发环境

Python 不需要任何特定的开发环境，而且可以轻松地使用任何文本编辑器（最好带有一些语法高亮显示）并编写 Python 代码。然后可以使用命令行界面执行 Python 文件。由于 Python 是一种解释性语言，因此还可以直接在 Python 命令行上逐行输入代码并查看结果。但是，在本章中，我们将使用名为 Jupyter Notebook[26] 的在线界面。一旦安装在 PC 上，就可以通过命令行或桌面图标运行它，它会打开一个浏览器页面，其界面如图 23.1 所示。该界面显示了本地计算机上的文件浏览器。您可以创建一个合适的文件夹来保存所有的 Python 文件，并创建一个新文件以使用 sklearn 创建端到端的机器学习管道。在 Jupyter Notebook 中创建的文件命名为 * .ipynb，表示交互式 Python notebook。单击 notebook 文件时，它将在新的浏览器选项卡中打开一个 notebook 进行编辑。界面采用单元格序列的形式。您可以一次执行每个单元格，并在单元格下方的同一窗口中查看其输出。

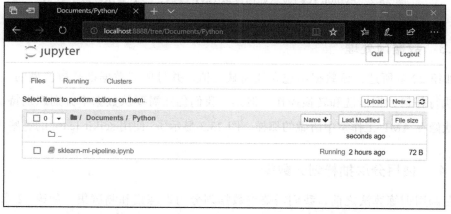

图 23.1　用于 Python 的 Jupyter 在线交互式编辑器的启动界面

23.3.2　导入数据

为了与第 22 章使用 Azure 机器学习工作室研究的示例进行比较和对比，我们将使用相同的 Iris 数据来解决相同的多分类问题。为了将数据读入 Python，我们将使用一个 CSV（comma separated variable，逗号分隔变量）文件，包含所有 Iris 数据以及标题。我们将使用 Pandas 库中的 CSV 阅读器并显示该表，以确保已经正确地读取了所有数据，如图 23.2 所示。此导入将 CSV 文件转换为一种内部表格形式，称为 Pandas DataFrame。从机器学习发展的角度来看，这种 DataFrame 结构非常重要，并且已得到广泛使用。DataFrame 结构提供了多种表操作，例如连接两个表、执行基于列的操作等，而简单的二维数组则不能。

In [4]:	iris_data = pd.read_csv('Iris.csv') iris_data				
Out[4]:		Sepal-Length	Sepal-Width	Petal-Length	Petal-Width	Label
	0	5.1	3.5	1.4	0.2	I. setosa
	1	4.9	3.0	1.4	0.2	I. setosa
	2	4.7	3.2	1.3	0.2	I. setosa
	3	4.6	3.1	1.5	0.2	I. setosa
	4	5.0	3.6	1.4	0.3	I. setosa
	5	5.4	3.9	1.7	0.4	I. setosa
	6	4.6	3.4	1.4	0.3	I. setosa
	7	5.0	3.4	1.5	0.2	I. setosa
	8	4.4	2.9	1.4	0.2	I. setosa
	9	4.9	3.1	1.5	0.1	I. setosa
	10	5.4	3.7	1.5	0.2	I. setosa
	11	4.8	3.4	1.6	0.2	I. setosa
	12	4.8	3.0	1.4	0.1	I. setosa
	13	4.3	3.0	1.1	0.1	I. setosa
	14	5.8	4.0	1.2	0.2	I. setosa
	15	5.7	4.4	1.5	0.4	I. setosa
	16	5.4	3.9	1.3	0.4	I. setosa
	17	5.1	3.5	1.4	0.3	I. setosa

图 23.2   Python 代码显示如何读取 CSV 数据，然后显示读取的数据

23.3.3   数据预处理

如第 22 章所述，该数据不包含任何缺失值，并且所有数据都是数值型的。因此，无须执行任何数据清洗和转换操作。但是，我们仍然需要从数据中分别识别特征和标签，就像在 AML 工作室中所做的那样。图 23.3 显示了⊖使用 scikit-learn 的这些步骤。

23.3.4   使用分层抽样划分数据

在调用训练算法之前，我们需要将数据划分为训练集和测试集。如第 22 章所述，需要使用分层抽样以确保在训练集和测试集中具有相似的类别分布。图 23.4 显示了该操作。

⊖   函数 head() 显示了给定 DataFrame 的前 5 行。

```
In [18]: features = iris[['Sepal-Length','Sepal-Width','Petal-Length','Petal-Width']]
         labels = iris[['Label']]

In [59]: features.head()

Out[59]:
              Sepal-Length   Sepal-Width   Petal-Length   Petal-Width
         0        5.1           3.5            1.4            0.2
         1        4.9           3.0            1.4            0.2
         2        4.7           3.2            1.3            0.2
         3        4.6           3.1            1.5            0.2
         4        5.0           3.6            1.4            0.3

In [58]: labels.head()

Out[58]:
              Label
         0    I. setosa
         1    I. setosa
         2    I. setosa
         3    I. setosa
         4    I. setosa
```

图 23.3　显示数据预处理的 Python 代码

数据划分函数的输入是不言自明的，它生成四个不同的变量作为输出，如下所示。

1. xtrain 表示用于训练的样本的特征。

2. ytrain 表示用于训练的样本的标签。

3. xtest 表示用于测试的样本的特征。

4. ytest 表示用于测试的样本的标签。

23.3.5　训练多分类模型

为了说明与第 22 章的相似之处，我们将从基于集成决策树的多分类器开始。第 22 章中使用的特定决策丛林分类器在 Scikit-learn 中是不可用的，因此我们将使用随机森林作为类似替代方案。对于超参数将使用与决策丛林中相同的值来进行同类比较。这些步骤的代码如图 23.4 所示。

```
In [78]: from sklearn.model_selection import train_test_split
         xtrain, xtest, ytrain, ytest = train_test_split(features, labels, test_size=0.3, stratify=labels)

In [79]: from sklearn.ensemble import RandomForestClassifier
         randforest = RandomForestClassifier(n_estimators=8, max_depth=32, max_leaf_nodes=128)

In [80]: randforest

Out[80]: RandomForestClassifier(bootstrap=True, class_weight=None, criterion='gini',
                     max_depth=32, max_features='auto', max_leaf_nodes=128,
                     min_impurity_decrease=0.0, min_impurity_split=None,
                     min_samples_leaf=1, min_samples_split=2,
                     min_weight_fraction_leaf=0.0, n_estimators=8, n_jobs=None,
                     oob_score=False, random_state=None, verbose=0,
                     warm_start=False)

In [81]: randforest.fit(xtrain, ytrain['Label'])
```

图 23.4　Python 代码显示了基于分层抽样的训练 – 测试划分，然后使用随机森林分类器训练

23.3.6 计算指标

一旦模型训练成功，我们就可以将其应用于测试数据并生成预测。然后可以将预测结果与实际标签或 ground truth 进行比较，以生成准确率和混淆矩阵形式的指标。图 23.5 显示了这些操作的代码。可以看出，准确率完全匹配，但是与我们使用 AML 工作室得到的结果相比，混淆矩阵并不完全匹配。这有多种原因。我们使用了类似但不同的算法进行分类，并且随机分层划分在两种情况下也不同。尽管有这些变化，但差异还是相当小的。在 AML 工作室中，混淆矩阵显示为百分比值，但是使用 scikit-learn 的默认方式显示的是误分类的实际数量，而不是百分比，但是这两种数字可以很容易地转换。

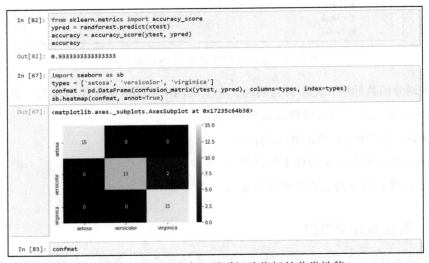

图 23.5   使用准确率和混淆矩阵指标的分类性能

23.3.7 使用替代模型

现在，我们将尝试使用基于神经网络的多类分类器，并将其输出与随机森林的输出进行比较，这正是我们之前所做的。图 23.6 显示了完整的代码和结果。与随机森林相比，神经网络的准确率得分是相同的。然而，混淆矩阵在误分类中显示出的误差略有不同。该分数低于在 AML 工作室中使用基于神经网络的分类器得到的分数。但是，考虑到数据量小和抽样变化，差异在 2% 以内是相当合理的。此外，我们需要为神经网络初始化大量的超参数，与 scikit-learn 相比，AML 工作室公开的参数集略有不同，这也可以解释性能的变化。需要注意的是，在 AML 工作室和 scikit-learn 中，对同样的算法进行编码有多种变体，这些变体会导致超参数的变化。因此，了解为实现机器学习管道而选择的框架中参数的详细信息是非常重要的。

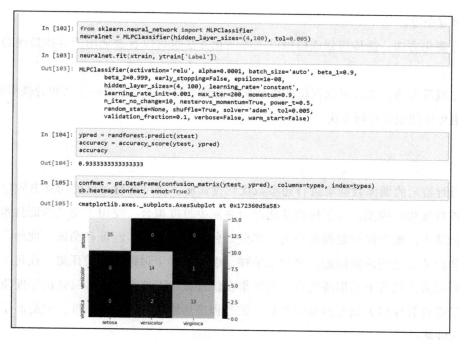

```
In [102]:   from sklearn.neural_network import MLPClassifier
            neuralnet = MLPClassifier(hidden_layer_sizes=(4,100), tol=0.005)

In [103]:   neuralnet.fit(xtrain, ytrain['Label'])

Out[103]:   MLPClassifier(activation='relu', alpha=0.0001, batch_size='auto', beta_1=0.9,
                   beta_2=0.999, early_stopping=False, epsilon=1e-08,
                   hidden_layer_sizes=(4, 100), learning_rate='constant',
                   learning_rate_init=0.001, max_iter=200, momentum=0.9,
                   n_iter_no_change=10, nesterovs_momentum=True, power_t=0.5,
                   random_state=None, shuffle=True, solver='adam', tol=0.005,
                   validation_fraction=0.1, verbose=False, warm_start=False)

In [104]:   ypred = randforest.predict(xtest)
            accuracy = accuracy_score(ytest, ypred)
            accuracy

Out[104]:   0.9333333333333333

In [105]:   confmat = pd.DataFrame(confusion_matrix(ytest, ypred), columns=types, index=types)
            sb.heatmap(confmat, annot=True)

Out[105]:   <matplotlib.axes._subplots.AxesSubplot at 0x172360d5a58>
```

图 23.6　使用基于神经网络的多类分类器作为替代模型以及指标的比较

23.4　模型调整和优化

为了简化管道，我们特意跳过了第 22 章的模型调整和优化方面。机器学习管道的第一遍完成后，它为性能指标建立一个基准（baseline）。这些数字我们不能回归。但是，还有很大的空间可以进一步改进指标。这种改进过程称为模型调整和优化。可以使用多种选项来实现，例如：

1. **网格搜索**：在网格搜索中，列出了每个超参数的所有可能组合。然后，对所有超参数的每个唯一组合执行模型训练。假设有 5 个超参数，每个参数的可能值为（2,3,2,5,4）。然后我们需要进行 $2 \times 3 \times 2 \times 5 \times 4$ 或 240 次训练。因此，计算复杂度随着超参数的增加呈指数增长。网格搜索是一种穷举的搜索选项，提供了最佳的可能组合，但是，如果超参数的数量很大并且每个超参数都有大量的可能值，那么就不可能使用它。然而，由于每种组合对另一种组合没有影响，所有训练操作都可以使用 GPU 硬件（如果可用）以完全并行的方式执行。

2. **梯度搜索**：这是对网格搜索的改进。将梯度搜索应用于超参数调整是在另一种用于训练基础模型的算法之上使用一种算法。但是，当超参数网格很大时，梯度搜索的收敛速度比完全穷举的网格搜索快得多。因此，即使在概念上更加复杂，它也降低了计算复杂度。

3. **演化方法**：遗传规划或模拟退火等演化方法也可以有效地用于寻找最优的超参数集。

4. **概率方法**：如果可以在超参数对训练准确率的影响上施加一个已知的概率分布，那么也可以使用贝叶斯方法。

泛化

当对给定的训练数据集进行超参数优化搜索时，很可能会过度使用并有效地过度拟合该数据集的模型。为了提高泛化能力并减少过度拟合，使用了交叉验证技术。在交叉验证中，整个标记数据被分为三部分，分别称为训练、验证和测试。此外，对训练集和验证集之间的数据进行多次重采样，以创建多个训练集和验证集。在每个训练集和验证集上执行上述训练迭代。测试集在该过程中不使用，并且只是出于度量计算的目的而将其保留为训练模型的盲集。该过程虽然增加了计算复杂度，但提高了模型的泛化性能。

23.5 AML 工作室和 scikit-learn 之间的比较

图 23.7 和图 23.8 显示了它们各自支持的算法列表。AML 块的列表是全面的，而 scikit-learn 中的列表是更高级别的列表，因此每个项都有多个支持的变体。

如前所述，AML 工作室是机器学习初学者更容易和更直观的选择，一旦熟练地掌握了所有技术，推荐采用 scikit-learn。使用 scikit-learn，可以在导入数据、预处理以及模型选择和调整方面具有更大的灵活性。借助其他 Python 库在绘图以及常规数值和统计分析方面的额外帮助，可以轻松地为任何类型的处理扩展管道的范围。更进一步，使用核心 Python 语法，人们可以提出自己的算法实现或其变体，并用它们扩展现有的库。

23.6 小结

在本章中，我们使用 scikit-learn 库实现了一个端到端的机器学习管道。在这两种情况下，我们使用了相同的数据集和相似的机器学习算法来在两种选择之间进行比较。结果表明，系统与两种算法之间获得的性能指标非常接近。我们还了解到，由于编码这些算法的高度复杂性，不同的库公开的超参数集略有不同。因此，了解为实现机器学习管道而选择的框架的所有输入参数的详细信息是很重要的，以便能够对其进行优化。然后，我们学习了超参数调整的使用和交叉验证算法的泛化。我们还比较了 AML 工作室和 scikit-learn 库的范围和功能。

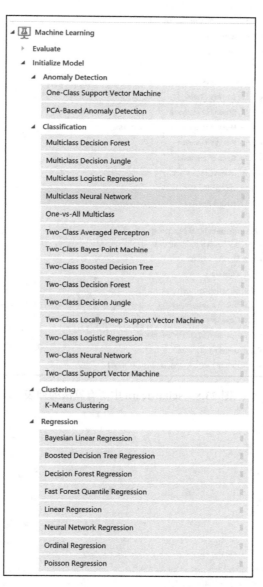

图 23.7　Azure 机器学习工作室中支持的所有算法块的列表

1. Supervised learning

▶ 1.1. Generalized Linear Models

▶ 1.2. Linear and Quadratic Discriminant Analysis

- 1.3. Kernel ridge regression

▶ 1.4. Support Vector Machines

▶ 1.5. Stochastic Gradient Descent

▶ 1.6. Nearest Neighbors

▶ 1.7. Gaussian Processes

- 1.8. Cross decomposition

▶ 1.9. Naive Bayes

▶ 1.10. Decision Trees

▶ 1.11. Ensemble methods

▶ 1.12. Multiclass and multilabel algorithms

▶ 1.13. Feature selection

▶ 1.14. Semi-Supervised

- 1.15. Isotonic regression

- 1.16. Probability calibration

▶ 1.17. Neural network models (supervised)

2. Unsupervised learning

▶ 2.1. Gaussian mixture models

▶ 2.2. Manifold learning

▶ 2.3. Clustering

▶ 2.4. Biclustering

▶ 2.5. Decomposing signals in components (matrix factorization problems)

▶ 2.6. Covariance estimation

▶ 2.7. Novelty and Outlier Detection

▶ 2.8. Density Estimation

▶ 2.9. Neural network models (unsupervised)

图 23.8   scikit-learn 中所有算法的列表

亚马逊的机器学习工具包：SageMaker

24.1 引言

SageMaker 是亚马逊版本的免费使用框架，用于实现和生产机器学习模型。与我们在第 22 章中研究的 AML 工作室相比，SageMaker 提供了一个 Jupyter notebook 界面用于实现我们在第 23 章中看到的模型。它提供了亚马逊自己的模型库以及开源模型的实现，例如，第 23 章中使用的 scikit-learn。在本章中，我们将研究如何设置首次使用的 SageMaker 以及如何使用 SageMaker 实现模型。

24.2 设置 SageMaker

图 24.1 显示了可以注册开始使用 Amazon SageMaker 的屏幕。一旦创建了免费账户，就可以开始构建第一个机器学习管道。SageMaker 的界面更加先进一点，更加注重于生产机器学习管道。创建账户后，将被带到 SageMaker 主页，如图 24.2 所示。从那里可以导航到 SageMaker 仪表板，见图 24.3。仪表板显示了可以在 SageMaker 中执行的各种选项，还显示了之前的活动。当前它是空的，因为我们才刚刚开始。但是，将来这里会显示模型执行的状态。我们想使用 notebook 构建机器学习模型，因此选择 Notebook 选项。

然后，如图 24.4 所示，显示一个自定义屏幕以创建 notebook 实例。我们将该 notebook 命名为 ClassifyIris。请注意，此命名中不允许使用下划线字符（underscore character）。其他大多数选项可以保留为默认值。应该注意的是，5GB 是最低要求的容量，即使我们只需要其中很小的一部分。需要创建 IAM 角色。该角色强制执行访问限制。这些将有助于以后生成模型。现在，我们只是创建一个简单的角色，如图 24.5 所示。选择可

以访问链接的 S3 存储中任何存储桶的角色。然后，继续 notebook 的创建。单击 Create
Notebook Instance 后，将显示确认信息，如图 24.6 所示。状态为挂起，但在几分钟内
应该会完成。

图 24.1 Amazon SageMaker 开始页面的屏幕截图

图 24.2 Amazon SageMaker 主页的屏幕截图

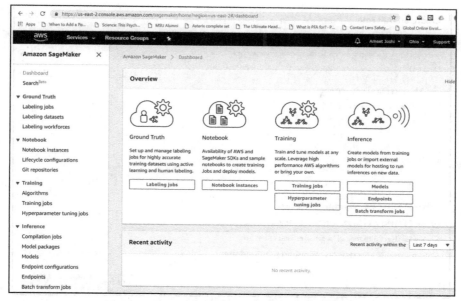

图 24.3　Amazon SageMaker 仪表板的屏幕截图

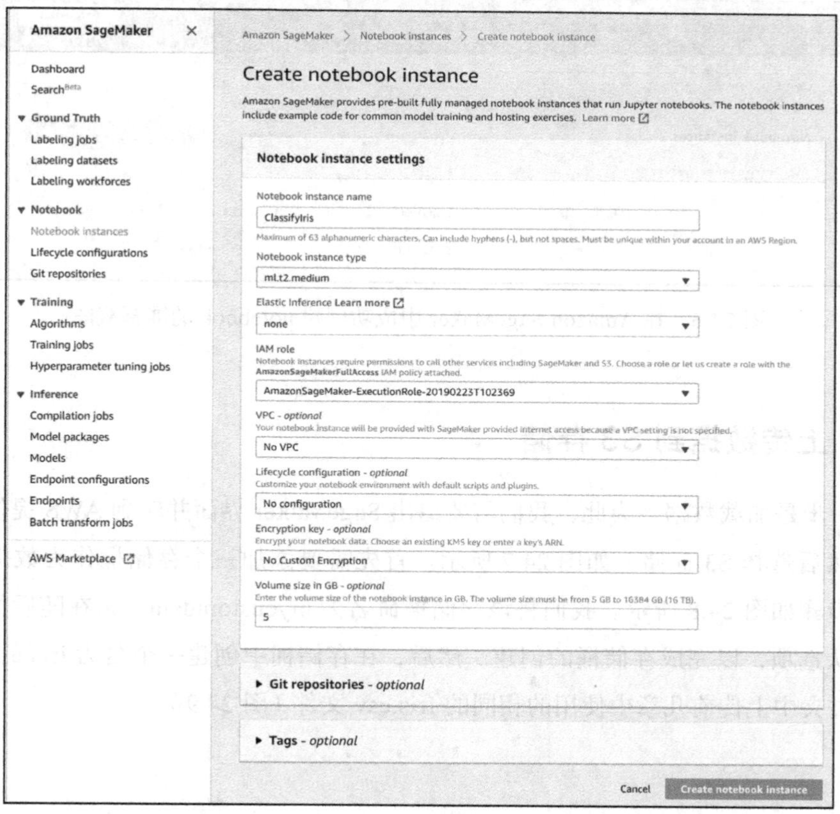

图 24.4　Amazon SageMaker 创建 notebook 界面的屏幕截图

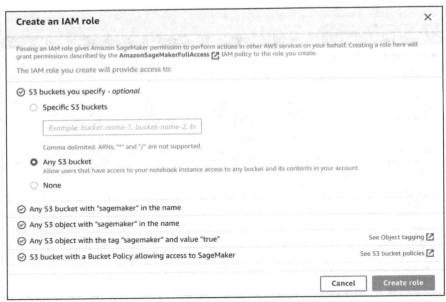

图 24.5　Amazon SageMaker 创建角色设置的屏幕截图

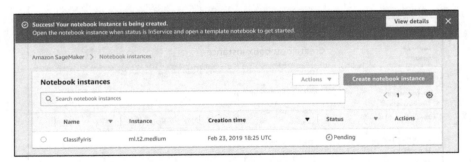

图 24.6　在 Amazon SageMaker 中成功创建 notebook 的屏幕截图

24.3　上传数据到 S3 存储

　　下一步是加载数据。为此，我们需要退出 SageMaker 界面并转到 AWS 提供的服务列表，然后选择 S3 存储，如图 24.7 所示。首先需要添加一个存储桶作为数据的主容器。该步骤如图 24.8 所示。我们将该存储桶命名为 mycustomdata。将在随后的屏幕中接受默认选项，以完成存储桶的创建。然后，在存储桶中创建一个名为 iris 的文件夹，在该文件夹中上传前几章中使用的相同的 Iris.csv 文件（图 24.9）。

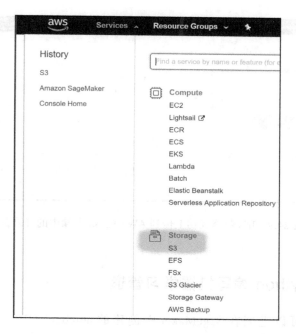

图 24.7　AWS 中选择 S3 存储选项的屏幕截图

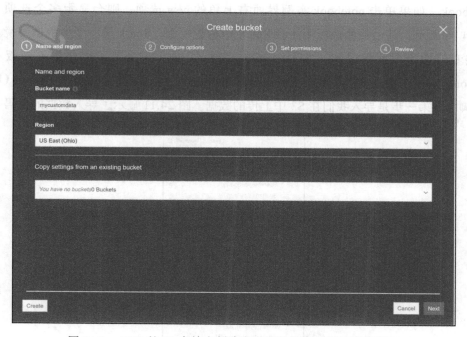

图 24.8　AWS 的 S3 存储中创建自定义数据集选项的屏幕截图

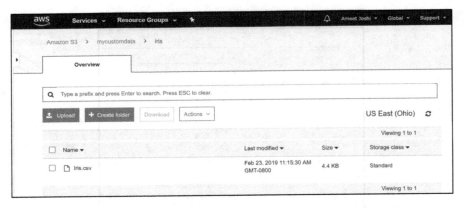

图 24.9　Iris 数据成功上传到 AWS 的 S3 存储中的屏幕截图

24.4　使用 Python 编写机器学习管道

现在，我们可以返回在 SageMaker 中创建的 notebook 实例。这个实例就像一个项目环境，可以在其中添加多个脚本。根据我们的目的，需要一个单独的脚本或 notebook。如果单击 notebook 实例界面右上角的 new 选项，则会显示多个选项，如图 24.10 所示。其中一些选项用于在 Spark 中构建模型，Spark 是一个大数据环境。有一些专门用于深度学习库，如 Tensorflow 和 PyTorch。每个都可以使用不同版本的 Python。对于当前的实验，我们选择 conda_python3。该选项将启用标准 Python（版本 3）脚本。第一步是导入我们在 S3 中上传的数据。图 24.11 显示了导入数据的代码。

图 24.10　在 Amazon SageMaker 中创建 notebook 的所有可能选项的屏幕截图

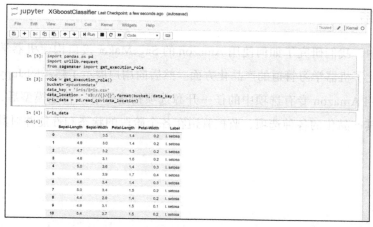

图 24.11 从 S3 存储导入数据集并在 Amazon SageMaker notebook 的机器学习管道中
使用的 Python 代码的屏幕截图

从这里开始，我们基本上拥有与第 23 章中讨论的相同的环境。可以使用 scikit-learn 库来执行多分类，也可以使用 Amazon 专有的库函数 XGBoost。图 24.12 显示了 Amazon SageMaker 支持的自定义模型的完整列表。这些模型使用了前几章中描述的相同的基础理论，但是它们针对 AWS 和 SageMaker 系统的性能和执行进行了优化。使用不同的模型构建剩余的管道，并查看性能方面的差异，这些留给读者作为练习。

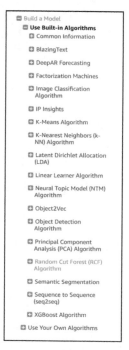

图 24.12 Amazon SageMaker 中可用的 Amazon 专有机器学习模型的屏幕截图

24.5　小结

在本章中，我们研究了如何使用 Amazon 的 SageMaker 接口构建机器学习管道。初始设置初始化了机器学习管道的产品化方面。然后向用户展示了熟悉的 Jupyter notebook 界面，以使用 Amazon 专有选项中的任一开源选项构建管道。构建模型后，SageMaker 系统提供将其产品化的各种选项，监控管道在各个阶段的状态和性能并对其进行调试。

结　语

要么去做，要么放手，没有尝试！！

——Yoda，《星球大战：帝国反击战》

简要介绍

本部分总结了本书的主要内容和下一步的工作。

第 25 章
Machine Learning and Artificial Intelligence

本书总结和下一步工作

25.1 总结

机器学习和人工智能的概念已经成为科学技术领域前沿研究的主流和焦点。尽管机器学习中的大多数概念都源自数学和统计学基础，如果没有这些主题的研究生课程的背景，很难理解这些基础知识，但是基于机器学习的人工智能应用正变得非常普遍，任何人都可以使用。应用的简单性为大量的工程师和分析师打开了通往这些主题的大门，否则，只有在读博士学位的人才能接触到这些主题。这在某种程度上有好有坏。好的方面是，这些主题的确在现代生活的各个方面使用的技术中得到了应用，建立所有这些技术的人不一定是攻读数学和统计学博士学位的人。因此，当更多的人拥有这些强大的技术时，技术的发展和所有人生活的革命速度就越快。不好的方面是，概念过于简单化会导致误解，甚至可能产生灾难性的后果。

许多书籍、维基百科，以及许多其他网站都专门讨论了该主题，但是在我的调查中，大多数来源提供的材料都集中在一小部分主题上，通常要么过于深入理论，要么过于肤浅，以至于应用看起来像是黑魔法。我遇到过许多同事和朋友，他们询问了日常生活中的不同问题或应用，这些问题或应用最终都与机器学习或人工智能有关，并造成了极大的困惑。当你确切地知道要查找的内容时，这些资源中的大部分是有用的，但在大多数情况下，这是不正确的。在这种情况下，很容易迷失在过多的信息中。

我曾试图将本书的范围扩展到机器学习或人工智能领域，特别是在日常生活中会遇到的大多数概念，但最终还是选择以更直观、更注重概念的方式呈现材料，而不是深入理论。但是，为了使概念具体化，避免过于简单化，在必要时会提供理论，以方便拥有本科水平的数学和统计学背景知识的读者理解。任何对该领域感兴趣、从事应用程序开发甚至机器学习系统开发的人都将从本书中获得一些新的知识。它以一种有意义的方式将漂浮在不同语境中的点连接起来，并将它们与其理论上的根源联系起来。本书绝不声称会提供该领域的全面背景知识，但它肯定会让读者满怀信心地应对任何新概念。

25.2　下一步工作

我想说，阅读完本书对读者来说应该标志着一个开始，可以让他们在更广泛的数据科学领域中着手进行下一步工作。根据兴趣或需要，可以采用多种方式进行。以下是一些主流领域：

1. 面向大数据应用。人们需要学习更多用于管理大数据的硬件架构，以及管理大数据的技术。例如 Hadoop、Spark 等。

2. 针对任何特定的应用，例如语音、图像处理、计算机视觉、机器人技术等。在这种情况下，人们必须更多地了解关于该主题的领域知识。了解应用的细微差别，了解应用的用户要寻找什么，然后将机器学习环境与之联系起来以构建人工智能。

从微观细节上看，该技术的每个方面都显得显而易见，甚至微不足道。但是，当所有这些单独的组件组合在一起时，所解决的问题和所提供的经验就太神奇了。这就是让我每天对该主题感到兴奋的原因。希望能通过本书将这种兴奋传递给每一位读者！

参 考 文 献

1. The Human Memory http://www.human-memory.net/brain_neurons.html
2. Wikipedia - Deep Learning https://en.wikipedia.org/wiki/Deep_learning
3. Dua, D. and Karra Taniskidou, E. (2017). UCI Machine Learning Repository https://archive.ics.uci.edu/ml/datasets/iris. Irvine, CA: University of California, School of Information and Computer Science.
4. Wikipedia - Dynamic Programming Applications https://en.wikipedia.org/wiki/Dynamic_programming#Algorithms_that_use_dynamic_programming
5. Wikipedia - Linear discriminant analysis https://en.wikipedia.org/wiki/Linear_discriminant_analysis
6. UCI - Machine Learning Repository (Center for Machine Learning and Intelligent Systems) - Adult Data Set https://archive.ics.uci.edu/ml/datasets/Adult
7. Mobile cellular subscriptions (per 100 people) https://data.worldbank.org/indicator/IT.CEL.SETS.P2?end=2017&start=1991
8. Convolution Theorem https://en.wikipedia.org/wiki/Convolution_theorem
9. Diminishing Returns https://en.wikipedia.org/wiki/Diminishing_returns
10. Shannon number https://en.wikipedia.org/wiki/Shannon_number
11. Deep Blue (chess computer) https://en.wikipedia.org/wiki/Deep_Blue_(chess_computer)
12. Setting up Mario Bros. in OpenAI's gym https://becominghuman.ai/getting-mario-back-into-the-gym-setting-up-super-mario-bros-in-openais-gym-8e39a96c1e41
13. Open AI Gym http://gym.openai.com/
14. Quantum Computing https://en.wikipedia.org/wiki/Quantum_computing
15. Uncertainty Principle https://en.wikipedia.org/wiki/Uncertainty_principle
16. Quantum Entanglement https://en.wikipedia.org/wiki/Quantum_entanglement
17. Quantum Superposition https://en.wikipedia.org/wiki/Quantum_superposition
18. Summit Supercomputer https://www.olcf.ornl.gov/olcf-resources/compute-systems/summit/
19. Python https://www.python.org/
20. Anaconda https://www.anaconda.com/distribution/
21. Pip https://pypi.org/project/pip/
22. Numpy http://www.numpy.org/
23. Scipy https://scipy.org/install.html
24. Matplotlib https://matplotlib.org/users/installing.html
25. Scikit Learn https://scikit-learn.org/stable/index.html
26. Jupyter Notebook https://jupyter.org/
27. Travelling Salesman Problem https://en.wikipedia.org/wiki/Travelling_salesman_problem
28. Mahalanobis distance https://en.wikipedia.org/wiki/Mahalanobis_distance
29. Causality in machine learning http://www.unofficialgoogledatascience.com/2017/01/causality-in-machine-learning.html
30. A Brief History of Machine Learning Models Explainability https://medium.com/@Zelros/a-brief-history-of-machine-learning-models-explainability-f1c3301be9dc

31. Automated Machine Learning https://en.wikipedia.org/wiki/Automated_machine_learning
32. AutomML.org https://www.ml4aad.org/automl/
33. PageRank https://en.wikipedia.org/wiki/PageRank
34. Self Organizing Maps https://en.wikipedia.org/wiki/Self-organizing_map
35. Netfli Prize https://www.netflixprize.com/rules.htm
36. A Gentle Introduction to Transfer Learning for Deep Learning https://machinelearningmastery.com/transfer-learning-for-deep-learning/
37. Vladimir N. Vapnik, *The Nature of Statistical Learning Theory*, 2nd edn. (Springer, New York, 1995).
38. Richard Bellman, *Dynamic Programming*, (Dover Publications, Inc., New York, 2003).
39. Trevor Hastie, Robert Tibshirani, Jerome Friedman *The Elements of Statistical Learning: Data Mining, Inference, and Prediction*, 2nd edn. (Springer, New York, 2016).
40. Joseph Giarratano, Gary Riley, *Expert Systems: Principles and Programming*, PWS Publishing Company, 1994.
41. Olivier Cappé, Eric Moulines, Tobias Rydén, *Inference in Hidden Markov Models* (Springer, New York, 2005).
42. Richard O. Duda, Peter E. Hart, David G. Stork, *Pattern Classificatio* John Wiley and Sons, 2006.
43. Ian J. Goodfellow, Jean Pouget-Abadie, Mehdi Mirza, Bing Xu, David Warde-Farley, Sherjil Ozair, Aaron Courville, Yoshua Bengio *Generative Adversarial Nets*, NIPS, 2014.
44. Frank Rosenblatt, *The Perceptron - a perceiving and recognizing automation*, Report 85–460, Cornell Aeronautical Laboratory, 1957.
45. Zafer CÖMERT and Adnan Fatih KOCAMAZ, *A study of artificia neural network training algorithms forclassificatio of cardiotocography signals*, Journal of Science and Technology, Y 7(2)(2017) 93–103.
46. Babak Hassibi, David Stork, Gregory Wolff, Takahiro Watanabe *Optimal brain surgeon: extensions and performance comparisons*, NIPS, 1993.
47. Yann LeCun, John Denker, Sara Solla, *Optimal Brain Damage*, NIPS 1989.
48. Tin Kam Ho, *Random Decision Forests*, Proceedings of the 3rd International Conference on Document Analysis and Recognition, Montreal, QC, 14–16 August 1995. pp. 278–282.
49. Leo Breiman, *Random Forests*, Machine learning 45.1 (2001): 5–32.
50. Leo Breimian, *Prediction Games and ARCing Algorithms*, Technical Report 504, Statistics Department, University of California, Berkerley, CA, 1998.
51. Yoav Freund, Robert Schapire *A Short Introduction to Boosting*, Journal of Japanese Society for Artificia Intelligence, 14(5):771–780, September, 1999.
52. V. N. Vapnik and A. Y. Lerner *Pattern Recognition using Generazlied Portraits* Automation and Remote Control, 24, 1963.
53. Haohan Wang, Bhiksha Raj *On the Origin of Deep Learning*, ArXiv e-prints, 2017.
54. Geoffrey Hinton, Simon Osidero, Yee-Whye Teh A fast learning algorithm for deep belief networks, Neural Computation, 2006.
55. Kunihiko Fukushima, *Neocognition: A self-organizing neural network model for a mechanism of pattern recognition unaffected by shift in position* Biological cybernetics, 36(4), 193–202, 1980.
56. Michael I Jordan, *Serial order: A parallel distributed processing approach.* Advances in psychology, 121:471–495, 1986.
57. Vinod Nair, Geoffrey Hinton *Rectifie Linear Units Improve Restricted Boltzmann Machines*, 27th International Conference on Machine Learning, Haifa, Isreal, 2010.
58. Sepp Hochreiter, JÃijrgen Schmidhuber *Long Short-Term Memory* Neural Computation, vol-9, Issue 8, 1997.
59. David Wolpert, William Macready, *No Free Lunch Theorems for Optimization*, IEEE Transactions on Evolutionary Computation, Vol. 1, No. 1, April, 1997.
60. David Silver, Thomas Hubert, Julian Schrittwieser, Ioannis Antonoglou, Matthew Lai, Arthur Guez, Marc Lanctot, Laurent Sifre, Dharshan Kumaran, Thore Graepel, Timothy Lillicrap, Karen Simonyan, Demis Hassabis, *Mastering Chess and Shogi by Self-Play with a General Reinforcement Learning Algorithm*, AxXiv e-prints, Dec 2017.

61. Paul Beniof, *The Computer as a Physical System: A Microscopic Quantum Mechanical Hamiltonian Model of Computers as Represented by Turing Machines*, Journal of Statistical Physics, Vol. 22, No. 5, 1980.

62. Jamie Shotton, Toby Sharp, Pushmeet Kohli, Sebastian Nowozin, John Winn, Antonio Criminisi, *Decision Jungles: COmpact and Rich Models for Classificatio* , NIPS 2013.

63. Olivier Chapelle, Jason Weston, Leon Bottou and Vladimir Vapnik, *Vicinal Risk Minization*, NIPS, 2000.

64. Vladimir Vapnik, *Principles of Risk Minimization for Learning Theory*, NIPS 1991.

65. Ameet Joshi, Lalita Udpa, Satish Udpa, Antonello Tamburrino, *Adaptive Wavelets for Characterizing Magnetic Flux Leakage Signals from Pipeline Inspection*, IEEE Transactions on Magentics, Vol. 42, No. 10, October 2006.

66. G. A. Rummery, Mahesh Niranjan *On-Line Q-Learning using Connectionist Systems*, volume 37. University of Cambridge, Department of Engineering.

67. S. Kirkpatrick, C.D. Gelatt Jr., M.P. Vecchi, *Optimzation by Simulated Annealing*, Science, New Series, Vol. 220, No. 4598, 1983.

68. Craig W. Reynolds *Flocks, Herd and SChools: A Distributed Behavioral Model*, Computer Graphics, 21(4), July 1987, pp 25–34.

69. Lafferty, J., McCallum, A., Pereira, F. *Conditional random fields Probabilistic models for segmenting and labeling sequence data*. Proc. 18th International Conf. on Machine Learning. Morgan Kaufmann. pp. 282–289, 2001.

70. Sinno Jialin Pan, Qiang Yang, *A Survey on Transfer Learning* IEEE Transactions on Knowledge and Data and Engineering, Vol. 22, No. 10, October 2010.

推荐阅读

模式识别：数据质量视角
作者：W. 霍曼达 等 ISBN：978-7-111-64675-4 定价：79.00元

深度强化学习：学术前沿与实战应用
作者：刘驰 等 ISBN：978-7-111-64664-8 定价：99.00元

对抗机器学习：机器学习系统中的攻击和防御
作者：Y. 沃罗贝基克 等 ISBN：978-7-111-64304-3 定价：69.00元

数据流机器学习：MOA实例
作者：A. 比费特 等 ISBN：978-7-111-64139-1 定价：79.00元

R语言机器学习（原书第2版）
作者：K. 拉玛苏布兰马尼安 等 ISBN：978-7-111-64104-9 定价：119.00元

终身机器学习（原书第2版）
作者：陈志源 等 ISBN：978-7-111-63212-2 定价：79.00元

推荐阅读

线性代数高级教程：矩阵理论及应用

作者：Stephan Ramon Garcia 等 ISBN：978-7-111-64004-2 定价：99.00元

矩阵分析（原书第2版）

作者：Roger A. Horn 等 ISBN：978-7-111-47754-9 定价：119.00元

代数（原书第2版）

作者：Michael Artin ISBN：978-7-111-48212-3 定价：79.00元

概率与计算：算法与数据分析中的随机化和概率技术（原书第2版）

作者：Michael Mitzenmacher 等 ISBN：978-7-111-64411-8 定价：99.00元